职业教育无人机行业应用技术系列教材

无人机飞行原理

远洋航空科技（天津）有限公司　组编

主　编　范福亮　马培玖　赵兴录
副主编　高华强　张馨郁　王宝亭
参　编　崔立志　赵吉超　刘　娜
　　　　宋金岩　马廷进　刘继梁

机械工业出版社

本书是根据无人机应用技术专业教学大纲的要求编写而成的，以项目的形式介绍无人机飞行原理，主要包括大气飞行环境、固定翼无人机飞行原理、固定翼无人机飞行品质与飞行性能、旋翼无人机飞行原理、旋翼无人机飞行品质与飞行性能、复合翼无人机。每个任务匹配一个任务工作单，以进一步巩固所学内容。

本书可作为职业院校无人机相关专业的教材，也可作为无人机爱好者和培训机构的参考用书。

图书在版编目（CIP）数据

无人机飞行原理/远洋航空科技（天津）有限公司组编；范福亮，马培玖，赵兴录主编.—北京：机械工业出版社，2024.3

职业教育无人机行业应用技术系列教材

ISBN 978-7-111-75571-5

Ⅰ.①无… Ⅱ.①远… ②范… ③马… ④赵… Ⅲ.①无人驾驶飞机－飞行原理－职业教育－教材 Ⅳ.①V279

中国国家版本馆CIP数据核字（2024）第072316号

机械工业出版社（北京市百万庄大街22号 邮政编码100037）
策划编辑：侯宪国　　　　　责任编辑：侯宪国
责任校对：郑　雪　王　延　封面设计：马精明
责任印制：李　昂
北京捷迅佳彩印刷有限公司印刷
2024年6月第1版第1次印刷
184mm×260mm・15.25印张・307千字
标准书号：ISBN 978-7-111-75571-5
定价：59.80元（含工作页）

电话服务　　　　　　　　　网络服务
客服电话：010-88361066　　机 工 官 网：www.cmpbook.com
　　　　　010-88379833　　机 工 官 博：weibo.com/cmp1952
　　　　　010-68326294　　金 书 网：www.golden-book.com
封底无防伪标均为盗版　　机工教育服务网：www.cmpedu.com

编写委员会

主　任　范福亮　马培玖　赵兴录
副主任　高华强　张馨郁　王宝亭
委　员　崔立志　赵吉超　刘　娜
　　　　　宋金岩　马廷进　刘继梁

编审委员会

主　任　陈巧云
副主任　丛　雨
委　员　刘广伟　李　琰

前　言

无人机因其具有成本低、使用风险小、易操控、灵敏性高，并可携带多种载荷完成工作任务等特点，在军事及民用领域广泛应用。目前，无人机广泛应用于航空拍摄、农林植保、交通管制、应急救援、安全监测、物流快递等方面。随着无人机行业应用进入成熟阶段，各细分领域也不断完善，各领域对无人机人才的需求也更加紧迫。

本书遵循以实用为主、够用为度、循序渐进的教学规律，系统地介绍了无人机飞行原理相关内容。全书分为6个项目，项目1介绍大气飞行环境；项目2介绍固定翼无人机飞行原理；项目3介绍固定翼无人机飞行品质与飞行性能；项目4介绍旋翼无人机飞行原理；项目5介绍旋翼无人机飞行品质与飞行性能；项目6介绍复合翼无人机。此外，本书提供了一些立体化教学素材，主要通过二维码的形式展现，其中部分素材引用于网络，若有漏标之处，请与远洋航空科技（天津）有限公司联系（邮箱：yyhkjcbxwyh@163.com）。

本书是编写组成员所在的教学科研团队在无人机领域历年教学与科研实践工作的基础上，结合国内外相关文献总结编写而成的。主要章节编写分工如下：项目1由崔立志、王宝亭编写；项目2由范福亮、宋金岩编写；项目3由赵兴录、马廷进编写；项目4由马培玫、刘继梁编写；项目5由高华强、赵吉超编写；项目6由张馨郁、刘娜编写。感谢远洋航空科技（天津）有限公司为推动中国民用无人机产业、教育、服务的快速发展，精心组织相关人员参与本书的编写工作；感谢各位专家百忙之中抽出时间，为本书提出指导意见和提供相关素材；感谢在编写过程中给予帮助的所有朋友。

由于编者水平有限，书中错误和不妥之处在所难免，恳请同行专家和广大读者不吝赐教。

编　者

目　　录

前言

项目 1　大气飞行环境 / 001
任务 1　大气的组成及垂直分层 / 001
任务 2　大气的基本气象要素 / 005
任务 3　流体流动的基本概念和规律 / 012

项目 2　固定翼无人机飞行原理 / 020
任务 1　固定翼无人机的气动结构 / 020
任务 2　机翼的形状及参数 / 026
任务 3　升力产生的原理 / 034
任务 4　阻力产生的原理 / 044
任务 5　固定翼无人机低速特性 / 052

项目 3　固定翼无人机飞行品质与飞行性能 / 060
任务 1　固定翼无人机的平衡 / 060
任务 2　固定翼无人机的稳定性 / 067
任务 3　固定翼无人机的操纵性 / 076
任务 4　固定翼无人机的基本飞行性能 / 084
任务 5　固定翼无人机的起飞和着陆性能 / 093

项目 4　旋翼无人机飞行原理 / 097
任务 1　旋翼无人机气动结构 / 097
任务 2　无人直升机飞行原理 / 107
任务 3　多旋翼无人机飞行原理 / 115

项目 5　旋翼无人机飞行品质与飞行性能 / 124

任务 1　无人直升机受力分析 / 124
任务 2　无人直升机的平衡 / 128
任务 3　无人直升机的稳定性 / 133
任务 4　无人直升机的操纵性 / 137

项目 6　复合翼无人机 / 141

任务 1　复合翼无人机概述 / 141
任务 2　复合翼无人机基本飞行原理 / 148
任务 3　复合翼无人机飞行品质与飞行性能 / 154

参考文献 / 160

项目 1　大气飞行环境

大气飞行环境主要是指飞行器在大气层内飞行时所处的环境条件。

飞行器有航空器和航天器之分。无论是轻于空气的航空器还是重于空气的航空器，都要在大气层中飞行；航天器在发射和返回地球时，也要通过大气层。故大气环境对飞行器的飞行至关重要。

无人机作为航空器的一种，主要飞行在大气层内。大气飞行环境会影响无人机的空气动力性能、发动机工作状态、任务载荷运行等。只有充分了解大气的特性和变化规律，并设法克服或减小大气飞行环境对无人机的不利影响，才能确保无人机安全稳定地飞行。

本项目主要包括大气的组成及垂直分层、大气的基本气象要素及物理性质、流体流动的基本概念和规律。

任务 1　大气的组成及垂直分层

 知识目标

1. 掌握大气的组成成分。
2. 了解大气组成成分的占比及特点。
3. 掌握大气层的概念。
4. 掌握大气层垂直分层的依据、特点以及对人类生活的影响等。
5. 能够分析云雾雨雪等的形成原因。

 任务描述

众所周知，地球强大的引力使得大气层存在，大气层为动物呼吸提供氧气，为植物光合作用提供二氧化碳；大气层还降低了地球表面的昼夜温差，吸收太阳紫外线，防止大量宇宙射线、流星体等天外来客对地球的影响。

本任务主要介绍大气层的组成及垂直分层。

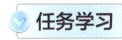

知识点1：大气的组成

大气是多相态的体系，包含干洁空气、水和颗粒物，但是水和颗粒物的含量太低且不稳定，所以一般说到大气组成指的都是干洁空气的化学成分。地球大气的主要成分为氮气、氧气、少量的二氧化碳和稀有气体（氦气、氖气、氩气、氪气、氙气、氡气），这些混合气体被称为空气。干洁空气的主要成分如图1-1所示。

大气层又称大气圈，是因重力关系而围绕着地球的一层混合气体，是地球最外部的气体圈层，包围着海洋和陆地。大气层没有确切的上界，在离地表2000～16000km高空仍有稀薄的气体和基本粒子；

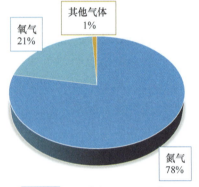

图1-1 干洁空气的主要成分

在地下，土壤和某些岩石中也会有少量气体，它们也可认为是大气层的一个组成部分。

知识点2：大气垂直分层

根据大气的温度、密度和运动状况在垂直方向上的差异，可将大气分为三层，即对流层、平流层和高层大气，高层大气又包括中间层、电离层和散逸层。由地面向上依次是对流层、平流层、中间层、电离层、散逸层等五层，如图1-2所示。

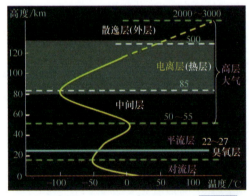
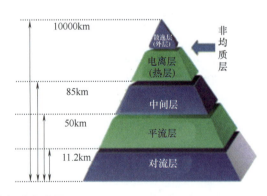

图1-2 大气垂直分层

1. 对流层

对流层是贴近地面的一层，它受地面的影响最大。

1）整个大气质量的 3/4 和大部分的水汽、杂质，都集中在这一层。

2）对流层受地面的影响很大，其高度随纬度、季节而变化。就纬度而言，低纬度地区高 17～18km，中纬度地区高 10～12km，高纬度地区高仅 8～9km；就季节而言，任何纬度地区，夏季的厚度大于冬季，中纬度地区尤其明显。

1. 大气垂直分层动图

3）对流层气温随高度的增加而降低，这是因为地面辐射是对流层大气主要的直接热源。大气温度随高度而下降，平均每升高 1km 气温约下降 6.5℃。

4）对流层上部冷下部热，空气就会产生对流。随着空气的对流，近地面的水汽和杂质向上空输送，在上升过程中随着气温的降低，容易成云致雨，使对流层的天气现象复杂多变，云、雾、雨、雪等天气现象都发生在这一层。因此，对流层与人类的关系最为密切。

2. 平流层

自对流层顶部向上至 50～55km 高度的范围为平流层。

1）平流层内，气温随高度的增加而上升。因为该层大气主要靠臭氧吸收太阳紫外线增温。臭氧集中在 15～35km 的气层中，它像一道屏障保护着地球上的生物免受太阳紫外线及高能粒子的袭击。臭氧层以上，臭氧含量逐渐减少，太阳紫外线辐射强烈，气温随高度的增加迅速上升。

2）平流层上部热下部冷，大气稳定，不易形成对流。大气以水平运动为主，平流层由此而得名。

3）平流层中水汽、杂质含量稀少，天气现象少变。平流层大气平稳，天气晴朗，有利于航空飞机飞行。

3. 高层大气

平流层顶部以上的大气，统称高层大气。高层大气气压很低，密度很小。在 60～500km 的高空，有若干电离层。在太阳紫外线和宇宙射线的作用下，大气分子被分解为离子，使大气处于高度电离状态，所以称为电离层。电离层能反射无线电波，对远距离无线电通信有重要作用。

大气垂直分层高度、气温变化特点、运动特点、与人类的关系见表 1-1。

表 1-1　大气垂直分层高度、气温变化特点、运动特点、与人类的关系

大气层	高度	气温变化特点	运动特点	与人类的关系
对流层	高纬 8～9km 中纬 10～12km 低纬 17～18km	气温随高度增加而降低	对流运动强烈	天气现象复杂多变

（续）

大气层	高度	气温变化特点	运动特点	与人类的关系
平流层	对流层顶部向上至50～55km	气温随高度增加而上升	水平运动为主	有利于飞机飞行，臭氧保护地球生命
高层大气	平流层顶部到2000～3000km，有电离层（60～500km）	气温随高度增加先降低后上升	—	反射无线电波，人造天体轨道空间，流星燃烧保护地球旅游资源；极光

一、阅读分析

2020年12月17日，"嫦娥五号"返回舱在距地面高度约120km处高速进入地球大气层，实施初次气动减速。下降至预定高度后，返回器向上跃出大气层。之后，返回舱再次进入大气层，实施二次气动减速，在距地表50km的高度返回舱与大气层激烈摩擦。下图为"嫦娥五号"探测器的返回路径。请分析完成下列各题。

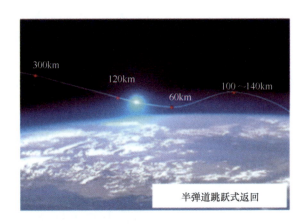

1. "嫦娥五号"初次进入大气层进行减速时位于（   ）。
    A. 对流层　　　B. 平流层　　　C. 臭氧层　　　D. 高层大气
2. "嫦娥五号"探测器属于哪种飞行器（   ）。
    A. 航天器　　　　　　　　　B. 航空器
    C. 无人机　　　　　　　　　D. 旋翼
3. "嫦娥五号"在距地表50km降落至地面过程中气温的变化是（   ）。
    A. 持续降低　　　　　　　　B. 先降低，后升高
    C. 持续增高　　　　　　　　D. 先升高，后降低

二、完成工作页中"项目1——工作任务1　探究大气层对人类活动的影响"相关内容。

任务 2 大气的基本气象要素

知识目标

1. 掌握大气的基本气象要素。
2. 了解天气对飞行的影响。
3. 掌握气象要素变化的规律及影响因素。

 任务描述

世界各地的气象台所观测记载的主要气象要素有气温、气压、风、云、降水、能见度和空气湿度等。在这些气象要素中，有的表示大气的性质，如气压、气温和湿度；有的表示空气的运动状况，如风向、风速；有的本身就是大气中发生的一些现象，如云、雾、雨、雪、雷电等。

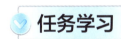

知识点 1：大气的基本气象要素

气象要素，狭义上是指表明大气物理状态、物理现象的各项要素，主要有气温、气压、风、湿度、云、降水以及各种天气现象。

本任务主要介绍大气的基本气象要素，即气温、气压、湿度、密度。

1. 气温

（1）概念 气温（大气的温度）是气象要素的一个重要组成部分，它是一个反应大气冷热程度的量，气温实质上是空气分子平均动能大小的宏观表现。

（2）单位 气温习惯上以摄氏温度（℃）表示，也有用华氏温度（°F）表示的，理论工作中则常用绝对温度（K）表示。三种温标的关系如图 1-3 所示。

（3）温度随高度的变化 大气温度随高度的变化曲线如图 1-4 所示。

1）对流层内，温度随高度的增加而降低。因为离地面越高，空气所得到的热量就越少，温度也就越低。

2）在平流层 30km 以下区域，气温几乎保持在一个很低的温度，且不随高度的增加而变化；而在平流层 30km 以上区域，受臭氧层的影响，气温随高度的增加迅速上升。

3）电离层大气的温度变化与距地面高度没有直接的联系。

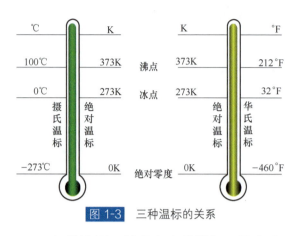

图 1-3　三种温标的关系

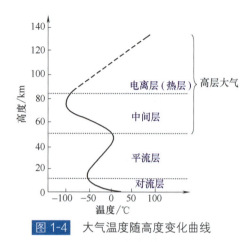

图 1-4　大气温度随高度变化曲线

4）散逸层，随着高度的增加，温度会经历了一个由高温到低温再到高温的变化过程。这种现象取决于高层大气的结构和所处的位置。

2. 气压

（1）概念　气压即大气压强，是指作用在单位面积上的大气压力，即在数值上等于单位面积上向上延伸到大气上界的垂直空气柱所受到的重力。著名的马德堡半球实验证明了气压的存在。

2. 马德堡半球实验

（2）单位　气压的国际制单位是帕斯卡，简称帕，符号是 Pa。气象学中，人们一般用千帕（kPa）或使用百帕（hPa）作为单位。其他的常用单位有：巴（bar，1bar=100000Pa）和厘米水银柱（或称厘米汞柱）。

（3）气压随高度的变化　大气压是由于大气重力产生的，海拔越高空气越稀薄，气柱重力也越小，大气压越低。同一地点的大气压也不是固定的，季节变化及天气变化也会引起大气压的变化。由于大气压的值是不固定的，通常把等于 760mm 水银柱所产生的大气压叫作标准大气压。

（4）航空领域常用的气压（基准面）

1）本站气压。指气象台气压表直接测得的气压，由于各测站所处地理位置及海拔高度不同，本站气压常有较大差异。

2）修正海平面气压（QNH）。由本站气压推算的同一海平面高度上的气压值，海拔高度大于 1500m 的测站不推算修正海平面气压。

3）场面气压（QFE）。指着陆区（跑道入口端）最高点的气压，由本站气压推算而来。

4）标准海平面气压（QNE）。在标准大气条件下海平面的气压。1 个标准大气压是这样规定的：把温度为 0℃、纬度 45°海平面上的气压称为 1 个标准大气压，水银气压表上的数值为 760mm 水银柱高（相当于 1013.25hPa）。

航空器在不同飞行时段飞行时,需要采用不同的高度测量基准面。在机场地区及附近应使用修正海平面气压作为航空器的高度表拨正值。在航路飞行时段,由于不同区域的修正海平面气压不同,航空器在经过不同区域时需要频繁调整修正海平面气压,因此在航路飞行时统一使用标准大气压作为高度表修正值。

(5)飞机上常用的测高方法及特点　飞机飞行时,测量其飞行高度多采用无线电高度表和气压式高度表。

1)无线电高度表。能较精确地测得飞机距地表的垂直距离,能不断地指示飞机相对于所飞越地区地表的高度,对地形的变化很敏感。

3. 飞机高度表的工作原理

2)气压式高度表。根据气压随高度变化的原理来表示飞机相对高度。气压式高度表是以气压敏感元件作为传感器感受大气压力,再根据气压与高度的函数关系确定高度值的间接测量仪器。

(6)飞行中常用的高度　不同的基准面对应不同的高度,有场面气压高度、标准海平面气压高度和修正海平面气压高度,如图1-5所示。

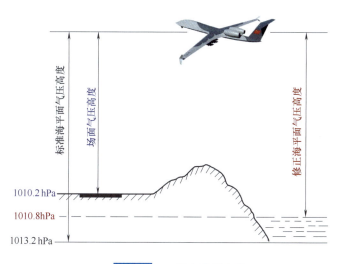

4. 气压与飞行

图1-5　飞行中常用高度

1)场面气压高度。飞机相对于起飞或着陆机场跑道面的高度,场面气压高度按场压来拨正气压高度表。

2)标准海平面气压高度。相对于标准海平面(气压为760mmHg或1013.25hPa)的高度,飞机在航线上飞行时使用。

3)修正海平面气压高度。高度表指示高度减去机场标高,就等于飞机距机场跑道面的高度。

3. 湿度

空气湿度是用来衡量空气中水汽含量多少或空气干湿程度的物理量。空气中液态或固态的水不算在湿度中。不含水蒸气的空气被称为干空气。大气中的水蒸气最大可以占空气体积的4%，一般在列出空气中各种气体成分的时候是指这些气体在干空气中所占的成分。一定的温度下在一定体积的空气里含有的水汽越少，空气越干燥；水汽越多，空气越潮湿。空气的干湿程度叫做"湿度"。

4. 密度

大气密度是单位体积内的空气质量，即空气稠密程度。气温、气压和湿度的变化都会给飞机性能和仪表指示带来一定影响，这种影响主要是通过对大气密度的影响实现的。

大气密度与海拔高度、天气、季节等都有关系。海拔越高，大气密度越小；通常晴天比阴天大气密度大，这与空气中含水分多少有关；另外，冬天大气密度比夏天大，这是因为温度升高，气体体积膨胀，导致密度减小。

飞机的飞行性能主要受大气密度的影响。例如，当大气密度增大时，空气动力增大，发动机的功率也会增大（推力增大），结果就会使飞机的飞行性能变好。大气压力、空气密度、绝对湿度与海拔高度的关系见表1-2。

表1-2 大气压力、空气密度、绝对湿度与海拔高度的关系

海拔高度/m	0	1000	2000	2500	3000	4000	5000
大气压力	1	0.881	0.774	0.724	0.677	0.591	0.514
空气密度	1	0.903	0.813	0.770	0.730	0.653	0.853
绝对湿度（g/m^3）	11	7.64	5.30	4.42	3.68	2.54	1.77

注：标准状态下大气压力为1，空气密度为1，绝对湿度为11g/m^3。

知识点2：气象对飞行的影响

在影响无人机飞行安全性的因素当中，气象条件因其复杂多变，故对无人机飞行安全和效率的影响不容小觑。不同气象条件，无人机飞行要求和标准也不尽相同，很多气象条件都在不同程度上威胁着无人机飞行的安全性。

1. 高温或低温天气

高温或低温天气都会影响无人机系统的一些功能组件，导致飞行效率降低，甚至危及飞行安全。

高温天气，要合理规划无人机飞行时长。在连续工作一段时间后，需要让无人机及其载荷设备及时降温。因为无人机的电动机在运转产生升力的时候，也会产生大量的热量，在炎热的天气下，电动机非常容易过热，在一些极端情况下甚至会融化一些零部件和线缆。

低温天气，切忌飞行太久，应在飞行中密切关注电池状况。因为低温会降低电池的效率，同时也非常容易发生掉电，导致电动机停转等意外情况。

2. 降雨、降雪、冰雹等天气

无人机不适宜在降雨、降雪、冰雹等天气飞行。多数电动机为了散热设计成顶部镂空，进水之后会造成线圈短路，导致电动机堵转、停转。所以在飞行前要查询飞行区域的天气预报，重点关注降水概率和降水强度等雨雪天气，哪怕只有零星小雨，也不要冒险起飞。

3. 雾

无人机在大雾天气中不建议飞行作业。一方面，无人机对于湿度非常敏感，在大雾中飞行，无人机表面会变得非常潮湿。另一方面，大雾会影响天气的能见度，给目视飞行造成障碍。

气象能见度是反应大气透明度的一个指标，是指视力正常的人在当前天气条件下，能够从天空背景中看到和辨识目标物的最大水平距离，单位一般用 m 或 km 表示。在户外飞行作业时，测量大气能见度一般可以直接目测，也可以使用大气透射仪、激光能见度自动测量仪等测量设备。通常来说，如果能见度在 300～1000m，就可以称之为大雾，不宜飞行。能见度判断标准见表 1-3。

表 1-3 能见度判断标准

序号	能见度	影响
1	20～30km	能见度极好，视野清晰
2	15～25km	能见度好，视野较清晰
3	10～20km	能见度一般
4	5～15km	能见度较差，视野不清晰
5	1～10km	轻雾，能见度差，视野不清晰
6	0.3～1km	大雾，能见度很差
7	＜0.3km	重雾，能见度极差
8	＜0.1km	浓雾，能见度极差
9	＜100m	能见度为零

4. 风

在大风天气，无人机为了保持姿态和稳定飞行，会耗费更多的电量，续航时间会缩短，同时飞行稳定性也会大幅度下降。同时也要注意无人机最大飞行速度不能小于最大风速。

风速是一种非常多变的参数，这一秒风速只有 5km/h，下一刻却可能狂风大作。或

5.风向袋

者，在低空飞行时安静无风，稍稍升高一些，风速却大了许多。所以，在飞行过程中要时刻关注无人机所处环境的风速和风向，风速和风向可以通过机载传感器传回的数据进行判断，做好随时调整飞行姿态的准备。另外还可以通过判断地面环境参照物进行判断风速的增减情况，风速等级与环境影响对照见表1-4。

表1-4 风速等级与环境影响对照

风级	名称	平均离地面10m处风速/(km/h)	地面景象
0	无风	<1	静，烟直上
1	软风	1～5	烟示风向
2	轻风	6～11	感觉有风
3	微风	12～19	旌旗展开
4	和风	20～28	吹起尘土
5	劲风	29～38	小树摇摆
6	强风	39～49	电线有声
7	疾风	50～61	步行困难
8	大风	62～74	折毁树枝
9	烈风	75～88	小损房屋
10	狂风	89～102	拔起树木
11	暴风	103～117	损毁重大
12	飓风	118～133	摧毁极大

知识点3：大气物理性质

1. 空气黏性

（1）概念　空气黏性是空气在流动过程中表现出的一种物理性质，主要是因为相邻空气分子之间相互运动产生内摩擦力导致的。众所周知，河道中间的水流得快，河岸边的水流得慢，这就是因为水具有黏性，同河岸之间发生摩擦的结果。空气和水一样，也有黏性，只不过空气的黏性比水要小得多，因此我们不易察觉。

（2）黏性证明实验　如图1-6所示，上下两个圆盘，彼此靠近，但不接触，当电动机带动下圆盘转动一段时间后，上圆盘也慢慢跟着下圆盘朝同一方向转动起来。这种现象产生的原因就是空气具有黏性，使两个圆盘间的无数个空气微层相互牵扯产生力的结果。

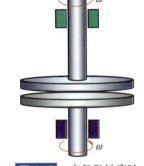
图1-6　空气黏性实验

（3）影响空气黏性的因素

1）速度梯度。相邻两层空气的速度差 Δv 与两层间距 ΔH 之比（$\Delta v/\Delta H$），称为速度梯度。速度梯度越大，相邻两层空气的摩擦越剧烈，黏性力越大。

2）空气温度。空气温度越高，分子运动速度越大，空气空间交换的分子越多，黏性力越大。

3）接触面积。空气层间接触面积越大，交换的分子数就越多，黏性力就越大。

2. 空气压缩性

（1）概念　任何气体都是可压缩的，空气的压缩性是指一定量的空气当压力或温度改变时，其密度和体积发生变化的特性。空气在压强作用下的可压缩程度，用弹性模量（即压强变化量与单位质量空气体积的相对变化量之比）度量。

（2）马赫数　在可压缩流中，用流动速度 v 与声速 c 进行比较可表明压缩性的大小。马赫数是衡量空气压缩性能最重要的参数，记为 Ma，马赫数的计算公式为：$Ma=v/c$。马赫数是流动速度与声速的比值，声速（即声音的传播速度）在不同高度、温度与大气密度等状态下具有不同数值，只是一个相对每"一马"的具体速度并不固定。因此，如果要把马赫数作为速度单位来使用，则必须同时给出高度和大气条件（一般缺省为国际标准大气条件），如 $Ma1.6$ 表示飞行速度为当地声速 1.6 倍。

（3）流动速度　对于气流绕飞行器的流动，通常按远前方未经扰动的来流马赫数 Ma 进行划分。当 Ma 小于 0.3 时，与不可压缩流动近似，称为低速流动；当 Ma 在 0.3～0.8 之间，为亚音速流动；当 Ma 在 0.8～1.2 之间时，为跨音速流动，这时流场中会有局部超音速或局部亚音速区，一般会出现激波；当 Ma 在 1.2～5 之间时，为超音速流动；当 Ma 超过 5 时，为高超音速流动。

3. 流体模型化

（1）理想流体　忽略黏性作用的流体，称为理想流体。空气流过飞机时，一般只在贴近飞机表面的地方（附面层）考虑空气黏性的影响，其他地方则按理想流体处理。

（2）不可压流体　忽略流体密度的变化，认为其密度为常量的流体，称为不可压流体。空气流过飞机时，密度要发生变化，其变化量的大小取决于 Ma 的大小。

（3）绝热流体　不考虑热传导性的流体，称为绝热流体。

任 务 检 验

一、选择题

1. 三大气象要素为（　　）。
　　A. 气温、气压和空气湿　　B. 气温、风和云　　C. 风、云和降水

2. 当气温高于标准大气温度时，飞机的载重量要（　　）。
   A. 增加　　　　　　　　B. 减小　　　　　　　　C. 保持不变

3. 气温、气压和空气湿度的变化都会对飞机性能和仪表指示造成一定的影响，这种影响主要通过他们对空气密度的影响而实现，下列描述正确的是（　　）。
   A. 空气密度与气压成正比，与气温也成正比
   B. 空气密度与气压成正比，与气温成反比
   C. 空气密度与气压成反比，与气温成正比

4. 飞机的飞行性能主要受大气密度的影响。当实际大气密度大于标准大气密度时（　　）。
   A. 空气作用于飞机上的力要加大，发动机推力减小
   B. 空气作用于飞机上的力要减小，发动机推力增大
   C. 空气作用于飞机上的力要加大，发动机推力增大

5. 雷暴会对飞机产生很大危害，下列危害不确切的是（　　）。
   A. 雷击和冰雹袭击　　　B. 风切变和湍流　　　C. 数据链中断

6. 能见度，是反映大气透明度的一个指标，下列测量大气能见度的错误方法是（　　）。
   A. 用望远镜目测　　　　B. 使用大气透射仪　　　C. 使用激光能见度自动测量仪

7. 下述天气现象是稳定大气特征的是（　　）。
   A. 能见度极好　　　　　B. 能见度较差　　　　　C. 有阵性降水

8. 气象上的风向是指（　　）。
   A. 风的去向　　　　　　B. 风的来向　　　　　　C. 气压梯度力的方向

9. 地面天气图上填写的气压是（　　）。
   A. 本站气压　　　　　　B. 海平面气压　　　　　C. 场面气压

10. 绝对温度的零度是（　　）。
    A. -273°F　　　　　　　B. -273K　　　　　　　C. -273℃

11. 理想流体是忽略了流体的（　　）。
    A. 黏性　　　　　　　　B. 密度变化　　　　　　C. 压强变化

二、完成工作页中"项目1——工作任务2　探究天气对无人机飞行的影响"相关内容。

任务3　流体流动的基本概念和规律

 知识目标

1. 掌握流场、流线、流线谱的概念及意义。

2. 了解机翼表面空气流动的特点。
3. 掌握连续性定理和伯努利定理的内容。
4. 会利用连续性定理和伯努利定理解释生活中的现象。

 任务描述

要研究空气动力，首先需要了解气流的特性。所谓气流特性是指空气在流动中各点流速、压力和密度等参数的变化规律。

本任务主要介绍低速流体流动的规律，包括流体流动的基本概念、流体流动遵循的基本规律等。

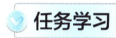

知识点1：流体流动的概念

1. 流体的概念

流体是能流动的物质，它是一种受任何微小剪切力的作用都会连续变形的物体，如液体和气体。流体具有易流动性、可压缩性、黏性。液体可压缩性很小，而气体的可压缩性较大。在流体的形状改变时，流体各层之间也存在一定的运动阻力（即黏滞性），当流体的黏滞性和可压缩性很小时，可近似看作是理想流体，它是人们为研究流体的运动和状态而引入的一个理想模型。

2. 流场

流场是指运动流体所占据的空间，流场也是表示温度、压强、速度、密度等流体运动参数（流体特性物理量）的场。

3. 定常流动与非定常流动

（1）定常流动　流体流经空间各点的速度、压力、温度、密度等不随时间变化。"定常流动"并不仅限于"理想流体"。

（2）非定常流动　流体流经空间各点的速度、压力、温度、密度等随时间变化而变化。

4. 流线与流线谱

空气流过物体时的情形不同，产生的空气动力也不同。空气流过的情形一般用流线和流线谱来描述。

（1）流线　空气稳定流动时，为了描述空气质点所经过的路线（流体运动）而引入的一条假想曲线,叫做流线。在该曲线上每点流体微团的速度方向与曲线在该点的切线重合。

(2)流线谱 流线是流场中的一条空间曲线,由许多流线组成的图形叫做流线谱,如图 1-7 所示为机翼表面的流线谱。

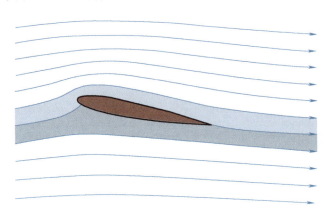

图 1-7 机翼表面的流线谱

流线谱是所有流线的集合,流线谱反映了流体流过物体时的流动情况。流线谱的形状受物体的外形、物体与气流的相对位置影响,图 1-8 为空气流过几个典型物体时的流线谱。

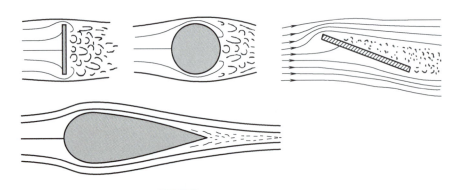

图 1-8 不同物体的流线谱

6. 气流流过机翼的流线谱

通过对比图 1-8 的流线谱,总结流线谱的一些特点:
1)流线谱的形状与流动速度无关。
2)物体形状不同,空气流过物体的流线谱不同。
3)物体与气流的相对位置不同,空气流过物体的流线谱不同。
4)气流受阻,流管扩张变粗,气流流过物体外凸处或受挤压,流管收缩变细。
5)气流流过物体时,在物体的后部都要形成涡流区。

5. 流管与流束

物体的流线谱可以从风洞试验（指在风洞中安置飞行器或其他物体模型，研究气体流动与模型的相互作用，以了解实际飞行器或其他物体的空气动力学特性的一种空气动力试验方法）看出，空气质点是沿着直流线运动，即流线一边的空气不回流到流线的另一边。根据这个道理，可以把流线谱上任何两条流线看成为一根管子，两条流线中间的空气质点就好像在这根管子中流动，两根流线之间的距离大小表示流管的粗细，因此根据流线的疏密程度及弯曲情形，可以推知流过物体周围的气流速度和方向的变化情形，这就提出了流管的概念。

（1）流管 在流体中作一微小的闭合曲线，通过此曲线上各点的流线所围成的细管称为流管，如图1-9所示。

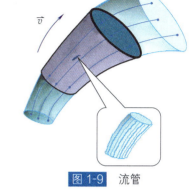

图1-9 流管

因为通过曲线上各点流体微团的速度都与通过该点的流线相切，所以只有流管截面上有流体流过，而不会有流体通过管壁流进或流出。流管内流体的质量是守恒的。

（2）流束 充满在流管内的流体称为流束。

6. 流量

流量可以分为体积流量和质量流量。

（1）体积流量 单位时间内流过截面的流体体积，用 q_V 表示。

$$q_V = Av$$

（2）质量流量 单位时间内流过截面的流体质量，用 q_m 表示。

$$q_m = \rho Av$$

式中，A 为截面面积；v 为流速；ρ 为流体密度。

知识点2：流体运动的基本规律

1. 相对运动原理

作用在飞机上的空气动力取决于飞机和空气之间的相对运动情况，而与观察、研究时所选择的参考坐标无关。风洞试验就是利用的这个原理。

空气相对飞机的运动称为相对气流，相对气流的方向与飞机的运动方向相反。固定翼无人机的相对气流就是空气相对于固定翼无人机的运动，因此固定翼无人机的相对气流方向与飞行运动速度方向相反，如图1-10所示。只要相对气流速度相同，产生的空气动力也就相等。

图 1-10 飞行方向与相对气流方向

2. 连续性定理

在日常生活中不难发现,在山谷处感受到的风比在开阔地带感受到的更明显,河水在河道窄的地方流速快,在河道宽阔的地方流速慢等。也就是说,不论是水还是低速流动的空气,总是在流管截面积小的地方流速大,在流管截面积大的地方流速小。这些可以用连续性定理解释。

(1)定理 当流体低速、稳定、连续不断地流动时,流管内任一部分的流体都不能中断或集聚,在同一时间内,流进任何一个截面的流体质量和从另一个截面流出的流体质量相等。可见,连续性定理实质上就是质量守恒定律在流体中的具体应用。

(2)数学表达式 当流体连续不断而稳定地流过一个粗细不等的管子(见图1-11)时,由于管子中任一部分的流体都不能中断或堆积起来,因此在同一时间内,流进任意

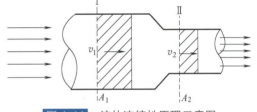

图 1-11 流体连续性原理示意图

切面(如图中切面Ⅰ)的流体质量和从另一切面(如图中切面Ⅱ)流出的流体质量应该相等。

如图 1-11 所示,设切面Ⅰ的面积为 A_1,流速为 v_1,流体密度为 ρ_1,则单位时间内流过切面Ⅰ的流体质量 m_1 为

$$m_1 = \rho_1 v_1 A_1$$

同理,设切面Ⅱ的面积为 A_2,流速为 v_2,流体密度为 ρ_2,则单位时间内流过切面Ⅱ的流体质量 m_2 为

$$m_2 = \rho_2 v_2 A_2 \tag{1-1}$$

根据质量守恒定律和连续性定理,有 $m_1 = m_2$,即

$$\rho_1 v_1 A_1 = \rho_2 v_2 A_2 = 常数 \tag{1-2}$$

从式(1-2)可以看出,气流速度的大小是由切面积和密度两个因素决定的。在低速流动情况下,空气密度的变化量很小,即 $\rho_1 = \rho_2$,则式 1-2 可简化为

$$v_1 A_1 = v_2 A_2 = 常数 \tag{1-3}$$

（3）结论

1）流体的流速与流管的横截面面积成反比。

2）流管变细，流线变密，流速变快。

3）流管变粗，流线变稀，流速变慢。

（4）适用范围　连续性定理适用于低速（马赫数 $Ma<0.3$）情况，即认为密度不变，不适用于亚声速，更不适用于超声速。当进入高速飞行时，由流速的变化而引起的密度变化量就越来越显著，不能再认为密度不变。因此，研究高速流动问题时，必须考虑密度的变化。由连续性定理可知，流速的大小，既与流管横截面面积有关，还与密度有关。

3. 伯努利定理

日常生活中，当高速行驶的火车在两条轨道上相向而行，交汇时两列火车会互相靠拢。这是因为两列火车交汇时，在两列火车中间的气流速度增大，压力减小，造成两列火车中间的空气压力小于火车外侧的大气压力，两列火车便在压力差的作用下靠拢。这就是伯努利定理在生活中的体现。

流体在运动时，除了遵循质量守恒定律以外，还要遵循能量守恒定律，这条定律在空气动力学中称为伯努利定理。伯努利定理是瑞士物理学家丹尼尔·伯努利于 1726 年首次提出。

（1）风洞连通器实验　用风洞连通器实验（见图 1-12）来说明压力和流速的关系。

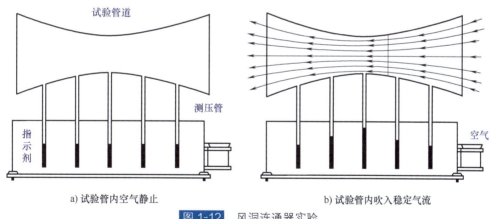

a）试验管内空气静止　　　　　　　　b）试验管内吹入稳定气流

图 1-12　风洞连通器实验

空气静止时，与试验管道各切面相连通的测压管内的指示剂高度将一样，即各切面的空气压力相等，如图 1-12a 所示，都等于大气压力。

当从风洞右侧向左侧吹入稳定气流时，仔细观察图 1-12b 各测压管内指示剂的高度变化，可以发现，各测压管内指示剂高度普遍上升，而且上升的高度各不一样。在试验管道管径细的地方，水柱上升得更高一些，说明此处流速较快，空气压力较小。相反，在管径粗的地方，流速慢，水柱上升得较小，说明这里的空气压力要大一些。

（2）伯努利定理内容　根据能量守恒定律可知：能量不会消失，它只能从一种形式转换成另一种形式，其总能量不变。空气稳定流动时，主要有四种能量：动能、热能、压力能、重力势能。当空气低速流动时，可以认为没有热量的产生，不考虑热能的变化。流管高度变化很小时，可以认为重力势能不变。这样当空气低速流动时，参与能量交换的只有压力能和动能，且两者之和不变。

伯努利定理可表述为：稳定气流中，在同一流管的任意切面上，空气的动压和静压之和保持不变。由此可见，动压大，则静压小；动压小，则静压大。

（3）数学表达式　伯努利定理能量守恒关系可表示为：动能＋压力能＝总能量，具体表达式为

$$\frac{1}{2}\rho v^2 + P = P_0 \quad (1-4)$$

式中，$\frac{1}{2}\rho v^2$ 为动压，单位体积空气所具有的动能；P 为静压，单位体积空气所具有的压力能，在静止的空气中，静压等于当时当地的大气压；P_0 为总压（全压），动压和静压之和，总压可以理解为，气流速度减小到零时的静压。

（4）结论　流管切面积变小，流动速度增加，流体的静压将减小；反之，流管切面积变大，流动速度减小，流体的静压将增加。但是流体的静压和动压之和，即总压始终保持不变。

（5）适用条件

1）气流是连续、稳定的，即流动是定常的。

2）流动的空气与外界没有能量交换，即空气是绝热的。

3）空气没有黏性，即空气为理想流体。

7.伯努利定理

4）空气密度不变，即空气为不可压缩流体。

5）流体在同一条流线或同一条流管上。

任 务 核 验

一、选择题

1.利用风洞可以得到飞机气动参数，其基本依据是（　　）。

  A.连续性假设 B.相对性原理 C.牛顿定律 D.热力学定律

2.非定常流是指（　　）。

  A.流场中各点的空气状态参数相同

  B.流场中各点的空气状态参数随时间变化

  C.流场中各点的空气状态参数不随时间变化

  D.流场中空气状态参数与位置无关

3. 气体的连续性定理是（　　）在空气流动过程中的应用。

　　A. 能量守恒定律　　B. 牛顿第一定律　　C. 质量守恒定律　　D. 牛顿第二定律

4. 流体在管道中以稳定的速度流动时，如果管道由粗变细，则流体的流速（　　）。

　　A. 增大　　　　　　B. 减小　　　　　　C. 保持不变　　　　D. 可能增大，也可能减小

5. 气体的伯努利定理是（　　）在空气流动过程中的应用。

　　A. 能量守恒定律　　B. 牛顿第一定律　　C. 质量守恒定律　　D. 牛顿第二定律

6. 伯努利方程的适用条件是（　　）。

　　A. 只要是理想的不可压缩流体

　　B. 只要是理想的与外界无能量交换的流体

　　C. 只要是不可压缩，且与外界无能量交换的流体

　　D. 必须是理想的、不可压缩且与外界无能量变换的流体

二、完成工作页中"项目1——工作任务3　探究伯努利定理在日常生活中的应用"相关内容。

三、简答题

1. 如何理解流线与流线谱？

2. 当用手捏住纸条的一侧并在上方吹气时，纸的另一侧明显会抬起（如下图所示）。请用伯努利定理解释这一现象。

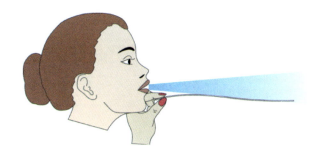

项目 2　固定翼无人机飞行原理

　　固定翼无人机是主流无人机之一，其外形与有人机类似。固定翼无人机在空中飞行时，动力系统提供的拉力（或推力）使得固定翼无人机与空气产生相对运动，有相对气流流过固定翼无人机，并产生作用于固定翼无人机的空气动力。整架固定翼无人机的空气动力性能主要是由机翼的空气动力决定的，故一般情况下，研究飞行器的空气动力又是以研究翼型空气动力为基础，进而研究机翼和全机的空气动力。

　　本项目主要围绕"固定翼无人机"的飞行原理展开学习，包括固定翼无人机气动布局、机翼的形状及参数、升力及阻力产生的原理、固定翼无人机低速特性等内容。

任务 1　固定翼无人机的气动结构

 知识目标

1. 了解常见飞机气动布局。
2. 掌握固定翼无人机气动布局形式。
3. 了解各种气动布局的特点。
4. 能初步根据需求选择合适的固定翼无人机气动布局形式。

 任务描述

　　气动布局是飞机气动总体设计的最终体现，通常指飞机各主要气动部件的外形及其相对位置的设计与安排。现代飞机或无人机的外形多样、性能各异。气动布局设计是飞行器设计中一项重要组成部分，同时也是学习、分析、理解飞机或无人机基本飞行原理的基础。

　　本任务主要介绍飞机或无人机气动布局的形式及主要特点。

任务学习

知识点1：常见飞行平台气动布局及其特点

固定翼无人机的气动部件包括机翼（左机翼和右机翼）、机身、尾翼、起落架等，如图2-1所示。其中尾翼包括垂直尾翼（垂直安定面和方向舵）和水平尾翼（水平安定面和升降舵），副翼包括左副翼和右副翼，分别布置在机翼后缘外侧。在所有的气动部件中，机翼是产生升力的主要部件，也是最主要的气动部件；尾翼是辅助气动部件，主要用于保证飞行的稳定性和操纵性。

根据各辅助翼面和机翼的相对位置以及辅助面的多少，气动布局的形式有常规布局、鸭式布局、无尾布局和三翼面布局等。

图 2-1 固定翼无人机的气动部件示意图

1. 常规布局

常规布局是现代飞机最常用的一种气动布局，即将飞机的水平尾翼和垂直尾翼都放在机翼后面的飞机尾部，图2-2所示为常规布局的固定翼无人机。经过长时间的发展，常规布局的技术已经十分成熟，理论研究非常完善，生产技术也成熟而又稳定，其各项性能都相对稳定。常规布局固定翼无人机性能相对比较均衡，没有特别明显的优缺点。

图 2-2 采用常规布局的固定翼无人机

2. 鸭式布局

鸭式布局是一种将飞机的俯仰主操纵面（水平前翼）放在机翼之前的气动布局形式，军用有人飞机用得较多，无人机也有部分采用，如图2-3所示。这种布局方式在外形上像一只鸭子,因此得名"鸭式布局",前面的两个翼面也被称为"鸭翼"。而"鸭翼"一般为展弦比较小的三角形翼面。相对于常规布局,鸭式布局前翼和机翼可以同时产生升力,而不像水平尾翼那样,平衡俯仰力矩多数情况下会产生负升力。

图 2-3　采用鸭式布局的军用飞机

3. 无尾布局

(1) 布局形式　一般来说,无尾布局是指有机翼但没有水平尾翼或者同时没有水平尾翼、垂直尾翼和鸭翼的一种气动布局形式,无尾布局可以分为无平尾和既无平尾又无垂尾两种情况。例如,飞翼布局是一种特殊的无尾布局,即没有传统的平尾和垂尾,而是通过机翼本身提供横向和纵向的控制和稳定,如图 2-4 所示。无尾布局是现代飞机和无人机气动设计中广泛采用的布局形式。

图 2-4　采用飞翼布局的固定翼无人机

(2) 优点　与常规布局相比,无尾布局的气动优势主要表现在飞翼和无尾两个方面,最适合采用一体化设计技术进行翼身融合设计,这样能够充分利用机体内部空间。在同样的设计要求下,无尾布局的固定翼无人机重量轻,结构也相对简单,成本和价格较低;另外,稳态盘旋和加减速机动飞行性能也比较好。

这种翼身融合的一体化设计的主要优点在于:

1) 空间利用充分,隐身性好。一体化设计的结果是固定翼无人机不但无尾,而且无机身。这样,从机体内部看,内部空间得到了最大的利用,如翼、身融合部位空间被充分利用,各种机载设备埋装在机体内,有利于降低飞行阻力。

2)翼身融合体提高升力。从气动外形看,飞翼布局翼身融为一体,整架无人机是一个升力面,可以大大增加升力,翼与身光滑连接,没有明显的分界面,可大幅度降低干扰阻力和诱导阻力。另外,机体结构主要由先进复合材料制造,外形光滑,又无外挂等突出物,加上气动外形隐身设计,大大减小了雷达截面积,因此在军用领域有一定的优势。

3)结构重量小,强度大。飞翼布局由于无尾,结构可以大大简化,全机重量更合理地转移到机翼翼展分布,从而减小了机翼的弯曲和扭转载荷,使得结构重量减小。各种机载设备可顺着机翼刚性轴沿翼展方向布置,与机翼的气动载荷分布基本一致,这不仅有利于结构强度的增加和结构重量的减小,而且有利于承受高机动产生的过载。

总的来说,无尾或飞翼布局的一体化设计,可大大增升减阻,减小重量和翼载,对延长续航时间和提高机动性等飞行性能极为有利,同时大大减小了雷达截面积,有效地提高隐身性,明显地降低飞机的寿命成本,经济性好。

(3)缺点 无尾气动布局的缺点也很明显,主要表现为:

1)操纵效率低。由于无尾布局没有鸭翼和尾翼,如果固定翼无人机的纵向操纵和配平仅靠机翼后缘的升降舵来实现,则由于力臂较短,操纵效率不高。

2)起飞着陆性能差。在起飞着陆时,增加升力需升降舵下偏较大角度,由此带来下俯力矩,为配平又需升降舵上偏,因而限制了飞机的起飞着陆性能。

3)纵向和航向稳定性差。由于无尾,纵向和航向都不容易稳定,这就需要采用各种操纵面联动和推力矢量等装置来产生所需的各种气动力和力矩,这就大大增加了无人机操纵和控制的难度。

4. 三翼面布局

(1)布局形式 三翼面布局,指固定翼无人机机翼前面有鸭翼,机翼后面有平尾的一种气动布局形式,如图 2-5 所示。

图 2-5 三翼面布局形式

三翼面布局由鸭翼、机翼和平尾构成，可以综合常规布局和鸭式布局的优点，有更好的气动特性，特别是操纵特性、配平特性和机动性能都能得到明显改善。

（2）优点

1）易实现直接力控制。三翼面布局除了保持鸭式布局利用漩涡空气动力带来的优点外，还可以比较容易实现直接力控制，从而达到对无人机运动轨迹的精确控制。例如，当鸭翼、机翼后缘和平尾同时进行操纵时，就能实现纵向直接升力、俯仰指向和垂直平移控制，可大幅度提高现代作战飞机的机动能力，增强作战效能和生存率。

2）气动载荷分配合理。三翼面布局在气动载荷分配上也更加合理。从三翼面和常规布局或鸭式布局无人机的升力载荷的比较可以看出，在进行同样过载的机动时，三翼面布局的机翼载荷较小，全机载荷分配更为均匀合理，因而可以降低无人机对结构强度的要求，减小飞机结构重量，提高飞机的飞行性能。

3）提高大迎角时的机动性和操纵性。三翼面布局无人机增加了一个鸭翼操纵自由度，它与机翼的前、后缘襟翼以及水平尾翼结合在一起进行直接控制，可减小配平阻力，还可提高大迎角时的操纵效率，保证无人机大迎角时有足够的下俯恢复力矩，改善无人机大迎角气动特性，提高大迎角时的机动性和操纵性。

（3）缺点

1）大迎角气动力的非线性。三翼面布局的优点主要来自漩涡的有利干扰，但当迎角增大到一定程度时，漩涡会发生破裂，导致气动力呈非线性变化，使无人机稳定性和操纵性发生突然变化。

2）超声速飞行时阻力大。由于增加了一个升力面，三翼面布局无人机在小迎角时的阻力大，超声速时阻力增加的更多。因此，对于强调超声速性能的无人机，三翼面布局是否是一种很好的选择需要综合衡量。

3）全机重量增大。虽然三翼面布局无人机的气动载荷在几个翼面上的分配更为合理，对减小结构重量有好处，但由于增加了一个升力面（同时也是操纵面）和相应的操纵系统，三翼面布局最终能否减小全机重量，需要通过具体的飞机设计才能体现。但无论如何，三翼面布局为高机动作战飞机和现有飞机的设计改进提供了一种可选择的途径。

知识点2：常见固定翼无人机气动布局

1. 固定翼无人机气动结构

固定翼无人机气动结构的特点是没有驾驶舱，所以在结构设计时无须考虑人的因素，包括根据人体工程学来配置适合人的操作系统结构和操纵空间、保证人的生物维持和安全所必需的设备和系统等。即无人机不以人作为其结构布局的核心因素，不需要驾驶舱，不需要围绕人而设计的各种设备和系统。这不仅仅影响到固定翼无人机的大小，更重要的是影响固定翼无人机的气动布局。例如，有人飞机为了让飞行员获得更好的视野，驾驶舱通常是位于飞机更靠前的位置，那么发动机的进气道就必须避开驾驶舱的位置，从而决定了有人飞机的基本气动布局。而固定翼无人机则不同，它的前部是雷达罩和各种观测系统。另外，由于固定翼无人机上消除了人的因素，实际需求也不同，造成两者气动结构布局有一定差距。

总体来看，固定翼无人机与有人飞机相比，气动结构上简单很多，如图2-6所示。

图2-6　几种常见气动布局的固定翼无人机

2. 固定翼无人机气动布局的特点

人类历史上最早对空气动力学的研究，可以追溯到人类对鸟或弹丸在飞行时的受力和力的作用方式的种种猜测，19世纪末，经典流体力学的基础已经形成。20世纪以后，随着航空事业的迅速发展，空气动力学从流体力学中发展出来并形成力学的一个新的分支。航空要解决的首要问题是如何获得飞行器所需要的升力、减小飞行器的阻力和提高飞行速度。这就要从理论和实践上研究飞行器与空气相对运动时作用力的产生及其规律。

根据固定翼无人机本身的特点，现有的大部分有人飞机的空气动力学理论可用。但由于很多固定翼无人机尺寸小，也没有人在机内直接控制和操纵，固定翼无人机本身及飞行过程中便遇到一些新问题。例如，对于军用固定翼无人机来说，隐身要求是重要的一项，气动布局设计首先要在隐身性能和气动性能之间进行较好的平衡。

对于作战固定翼无人机来说，其气动外形除了要满足隐身和高升阻比的要求外，还要满足高机动性的要求。现在提出的作战固定翼无人机的气动布局方案大多是无尾方案，有的采用推力矢量控制。对于无尾布局来说，在气动力方面的最大挑战是寻找新的操纵机构，能代替被取消的垂直尾翼，产生足够的偏航力矩，使固定翼无人机能完成高敏捷性所要求的各种动作。

此外，大多数固定翼无人机都会遇到小雷诺数（一种可用来表征流体流动情况的无量纲数）空气动力学问题，这是其重要特点。如果要研制超声速固定翼无人机则可以大量应用已有的超声速飞机和导弹的研究成果。

任 务 核 验

一、选择题

1. 下列不属于无人机系统的是（　　）。

A. 飞行器平台　　B. 飞行员　　　　C. 导航飞控系统

2. 固定翼无人机中，产生升力的主要部件是（　　）。

　　A. 机翼　　　　B. 尾翼　　　　　C. 机身

3. 将飞机的俯仰主操纵面（水平前翼）放在机翼之前的气动布局形式是（　　）。

　　A. 常规布局　　B. 无尾布局　　　C. 鸭式布局

4. 下列描述不是三翼面布局无人机优点的是（　　）。

　　A. 易实现直接力控制

　　B. 气动载荷分配合理

　　C. 减小大迎角时机动性和操纵性

5. 无尾布局一定没有（　　）。

　　A. 平尾　　　　B. 垂尾　　　　　C. 平尾和垂尾

6. 飞机各主要气动部件的外形及其相对位置的设计与安排指的是（　　）。

　　A. 控制结构　　B. 动力系统　　　C. 气动布局

7. 常规固定翼无人机是（　　）空气的航空器。

　　A. 重于　　　　B. 轻于　　　　　C. 等于

8. 固定翼无人机常见的布局形式有（　　）。

　　A. 常规布局　　B. 三翼面布局　　C. 无尾布局　　　D. 以上都是

二、完成工作页中"项目2——工作任务1　探究固定翼无人机的气动布局"相关内容。

三、简答题

1. 简述低速无人机常见的气动布局形式及特点。

2. 简述高速无人机常见的气动布局形式及特点。

任务 2　机翼的形状及参数

知识目标

1. 掌握翼型的概念、种类及参数。
2. 掌握不同翼型和机翼的特点。
3. 掌握机翼的平面形状及参数。

4. 初步理解飞行器设计时机翼参数的选择规则。

任务描述

固定翼无人机的空气动力主要是由机翼产生的，机翼的空气动力取决于绕机翼的流动状态，而流态又取决于机翼的形状及机翼相对于气流的位置。

本任务主要介绍机翼的形状和有关参数。

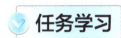

任务学习

知识点1：翼型及几何参数

用一个垂直机翼的平面切割机翼所得的剖面，称为翼型，如图2-7所示。

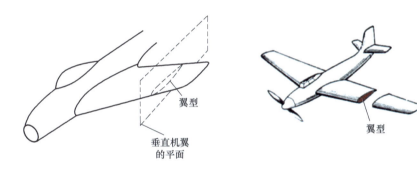

图 2-7 翼型示意图

翼型也就是平行于固定翼无人机对称面的机翼剖面，如图2-8所示。翼型是组成翼面的基本元素。翼型的几何形状是机翼的基本几何特性之一，翼型的气动特性，直接影响到机翼及整个固定翼无人机的气动特性，在空气动力学理论和飞行器设计以及飞行原理分析中都具有重要的地位。

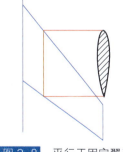

图 2-8 平行于固定翼无人机对称面的翼型示意图

1. 翼型的种类

翼型的种类较多，常见的翼型如图2-9所示。人们通过观察鸟类飞行的现象，制造出早期飞机的弓形翼型，就像飞鸟翅膀的剖面。经过实践发现这种翼型阻力较大，结构也较复杂，后来又陆续研制出平凸翼型、双凸翼型、对称翼型等。下面重点介绍平凸翼型、双凸翼型、对称翼型。

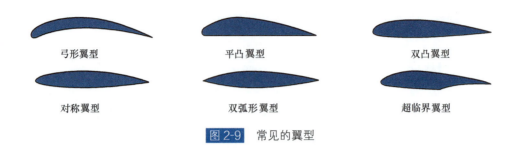

图 2-9　常见的翼型

（1）平凸翼型　机翼上表面向外弯曲的程度较大而下表面较平的翼型称为平凸翼型，即剖面结构是上弧线凸出而下弧线除前缘外均为直线。平凸翼型主要用于常规布局且飞行速度适中的固定翼无人机，也可用于一般固定翼无人机的水平尾翼翼型。

（2）双凸翼型　上表面向外弯曲的程度比下表面向外弯曲的程度大的翼型称为双凸翼型，即剖面结构是上、下弧线都是外凸的，但上弧线的弯度比下弧线大。双凸翼型主要在高空、高速飞行的固定翼无人机上使用，是至今大部分固定翼无人机的主翼使用最多的一种翼型。双凸翼型气动性能优越，便于加工，结构特性好。

（3）对称翼型　上、下表面向外弯曲的程度都相同的翼型称为对称翼型，即剖面结构是上弧线、下弧线对称。对称翼型主要用于固定翼无人机的尾翼，也可用于超声速飞行器、低速特技固定翼无人机主翼、高性能直升机旋翼。

现代低速飞机的机翼大多采用平凸翼型或双凸翼型，部分现代高速飞机机翼和各种飞机尾翼一般采用对称翼型。超声速战斗机机翼一般都为对称翼型。小型飞机机翼为平凸翼型，大中型飞机机翼一般为双凸翼型。

20 世纪 60 年代起陆续出现了高亚声速翼型，如尖峰翼型、超临界翼型等。超声速飞机要求翼型"薄"且具有尖锐的前缘，如双弧形翼型、菱形翼型等。由于要兼顾各个速度范围的气动特性，目前低超声速飞机一般仍采用小钝头的对称翼型。而大多数超声速飞机仍采用小钝头的高亚声速翼型。

2. 翼型的几何参数

各种翼剖面的形状特点，对气动特性有重要的影响，一般用图 2-10 所示的几何参数来表示。

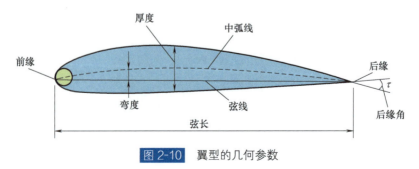

图 2-10　翼型的几何参数

（1）中弧线　翼型上、下表面内切圆圆心的光滑连线称为中弧线（见图 2-11），即和翼型上表面和下表面等距离的曲线。

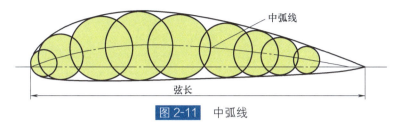

图 2-11　中弧线

（2）前缘和后缘　中弧线的前端点，称为机翼前缘；中弧线的后端点，称为机翼后缘（见图 2-12）。

（3）弦线和弦长　机翼前、后缘的连线叫弦线，其长度叫弦长或几何弦长（见图 2-12），用 b 表示。对于下表面为直线的翼型，也将此直线定义为几何弦。

（4）无刚量坐标　以前缘作为原点，弦线作为 x 坐标轴，方向从前缘指向后缘，y 坐标轴垂直于弦线，如图 2-12 所示。翼型上、下表面各点距离弦线的 y 值，用弦线长度的相对坐标函数表示（上、下表面分别用下标 u 和 l 表示）。

$$\overline{y}_u = \frac{y_u}{b} \quad \overline{y}_l = \frac{y_l}{b}$$

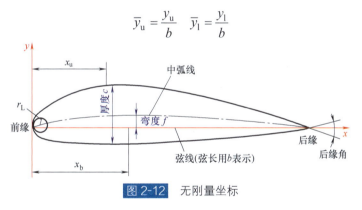

图 2-12　无刚量坐标

（5）弯度、最大弯度、相对弯度、最大弯度相对位置　弯度就是中弧线和弦线的间隔，用 f 表示（见图 2-12）；最大弯度就是中弧线坐标 y 的最大值，用 f_{max} 表示；相对弯度（$\overline{f}$）就是最大弧高与弦长的比值，即 $\overline{f} = \frac{f_{max}}{b} \times 100\%$；最大弯度相对位置就是翼型最大弧高所在位置到前缘的距离称为最大弯度位置，也就是最大值的 x 轴向位置。相对弯度的大小表示翼型的弯曲程度，相对弯度越大，表示翼型弯曲程度大，相对弯度越小，表示翼型弯曲程度小。

（6）厚度、最大厚度、相对厚度、最大厚度位置　厚度就是翼弦垂直线与翼型上、下翼面交点之间的距离，用 c 表示（见图 2-12）；厚度的最大值称为翼型最大厚度 c_{max}；翼型最大厚度 c_{max} 与弦长 b 的比值称为相对厚度（$\overline{c}$），即 $\overline{c} = \frac{c_{max}}{b} \times 100\%$；翼型最大厚度所在位置到前缘的距离称为最大厚度位置。通常以其与翼弦的比值来表示最大厚度相对位置。

（7）前缘半径　翼型前缘的外形多为圆弧形，圆弧的半径称为翼型的前缘半径，用 r_L 表示（见图 2-12）。前缘半径的大小表示翼型前缘的尖钝程度。前缘半径越大，说明翼型前缘越钝；前缘半径越小，说明翼型前缘越尖。

（8）后缘角　翼型上、下表面在后缘处切线间的夹角（见图 2-12）。

3. NACA 翼型介绍

为了适应各种不同的需要，研制了各种不同的翼型，从适用超声速飞机到手掷滑翔机的翼型都有。100 年来有相当多的单位及个人进行了系统的研究，与模型有关的比较重要的发展机构及个人有多个，这里我们对 NACA 翼型进行简单介绍。

NACA：美国国家航空咨询委员会即美国太空总署（NASA）的前身，有一系列的翼型研究，比较有名的翼型是 NACA 四位数字翼型、NACA 五位数字翼型、NACA 六位数字翼型，其中 NACA 六位数字翼型是层流翼。

（1）NACA 四位数字翼型　NACA 四位数字翼型是 NACA 最早建立的一个低速翼型系列。与早期的其他翼型相比，有较高的最大升力系数和较低的阻力系数。目前有些轻型飞机仍采用 NACA 四位数字翼型，如 NACA 2412、NACA 4412 等。

NACA 四位数字翼型一般为 NACA XYZZ 型，其中 X 表示相对弯度；Y 表示最大弯度位置；ZZ 表示相对厚度。例如，NACA 2412 表示翼型的相对弯度为 2%，最大弯度位置在弦长的 0.4，相对厚度为 12%。

（2）NACA 五位数字翼型　NACA 五位数字翼型是继 NACA 四位数字翼型后又提出的一个低速翼型系列。该翼型系列的厚度分布与四位数字系列相同，但中弧线参数有更大的选择，可使最大弯度位置靠前从而提高最大升力系数，降低最小阻力系数，但失速性能欠佳。

NACA 五位数字翼型一般为 NACA XYWZZ 型，其中 X 表示设计升力系数为 X·(3/20)；Y 表示最大弯度位置为 Y/20；W 表示中弧线为简单型取 0，否则取 1（有拐点）；ZZ 表示相对厚度。例如 NACA 23012 表示设计升力系数为 2·(3/20) = 0.3，最大弯度位置为 3/20=0.15，中弧线为简单型，相对厚度为 12%。

（3）NACA 六位数字翼型　一般 NACA 六位数字翼型都是一类层流翼型，它的主要特点是在一定升力系数范围具有低阻力特性，非设计条件下也比较满意，而且具有比较高的最大升力系数和比较高的临界马赫数。

以某六位数字翼型 NACA 65₃-218 为例，其中 6 表示的是 6 系列翼型，5 表示厚度分布使零升力下的最小压力位置在 0.5 处，3 表示有利升力系数范围为：±0.3，即 -0.1～+0.5，2 表示设计升力系数为 0.2，18 表示相对厚度为 18%。另外，如果用 "A" 代替 "-" 的六位数字翼型，表示翼型上、下弧线从 0.8 位置至后缘都是直线。

8. NACA4415
翼型气流可视化

知识点 2：机翼的平面形状及几何参数

机翼的平面形状是指从机翼正上方俯视看到的、在三维上与气流相互作用的平面形状。了解不同机翼平面形状的影响，对于我们了解机翼性能和飞机的飞行特性具有重要意义。

1. 机翼平面形状的种类

早期的飞机，机翼的平面形状大多做成矩形。矩形机翼制造简单，但阻力较大。为了适应提高飞行速度的要求，后来又制造出了椭圆翼和梯形翼。随着飞行速度接近或超过声速，相继出现了后掠翼、三角翼等机翼。从 20 世纪 50 年代起，又陆续出现了由上述基本平面形状发展或组合而成的复合机翼，如双三角翼、S 形前缘翼、边条翼、变后掠翼、前掠翼等。常见的机翼平面形状如图 2-13 所示。

图 2-13 常见的机翼平面形状

这里主要介绍三类常见的机翼平面形状，即平直翼、后掠翼和三角翼。

（1）平直翼 无明显后掠角的机翼。一般指后掠角小于 20°、平面形状呈矩形、梯形或半椭圆形的机翼。平直翼又根据使用场景不同分为矩形翼、梯形翼和椭圆翼。

（2）后掠翼 前缘和后缘均向后掠的机翼，表征机翼后掠程度的指标是后掠角，即机翼前缘与水平线的夹角。后掠翼的气动特点是可增大机翼的临界马赫数，推迟激波的到来，并减小超声速飞行时的阻力。

（3）三角翼 机翼前缘后掠、后缘基本平直、半翼俯视平面形状为三角形的机翼，这种机翼具有后掠角大、展弦比小和相对厚度小等特点，主要优点是机翼重量轻、刚性好、容积大等，可分为有平尾式和无平尾式两类。

低速飞行无人机一般采用矩形翼和梯形翼,高速飞行无人机一般采用后掠翼和三角翼。

2. 机翼平面几何参数

机翼的平面形状特点,可以用图 2-14 所示几何参数表示。

(1)机翼面积　机翼在水平面内的投影面积叫机翼面积,用 S 表示。

(2)梢根比　机翼的翼根翼弦(b_0)与翼尖翼弦(b_1)的比值,用 η 表示。

(3)翼展展长　简称翼展,指机翼左翼、右翼端(翼尖)之间的距离,用 l 表示。

(4)平均翼弦　翼尖弦长(b_1)和翼根弦长(b_0)的平均值表示。

(5)展弦比　机翼的翼展与平均翼弦的比值叫展弦比,用 λ 表示。展弦比的大小表示机翼平面形状长短和宽窄程度。展弦比小,机翼短而宽;展弦比大,机翼窄而长。低速飞机一般都采用大展弦比机翼,高速飞机一般则采用小展弦比机翼。低速飞机、滑翔机的展弦比为 12～19,亚声速飞机的展弦比为 6～12,超声速飞机的则为 2～4。

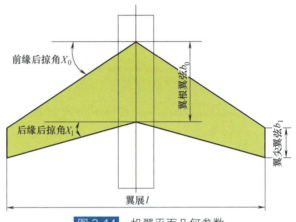

图 2-14　机翼平面几何参数

3. 机翼的有关角度

(1)后掠角　表示机翼向后倾斜的程度。机翼上有代表性的等百分比弦线同垂直于对称面的轴线之间的夹角。如图 2-15 所示,X_0 称前缘后掠角;$X_{0.25}$ 称 1/4 弦线后掠角;$X_{0.5}$ 称中弦线后掠角;X_1 称后缘后掠角。一般常用 1/4 弦线后掠角作为机翼的后掠角。

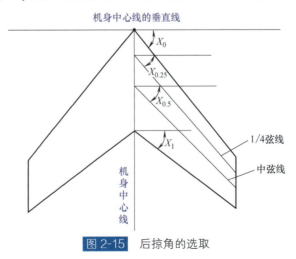

图 2-15　后掠角的选取

（2）安装角　机翼弦线与机身中心线之间的夹角，是表征机翼相对机身的空间角度，如图 2-16 所示。

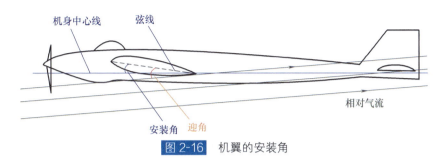

图 2-16　机翼的安装角

（3）机翼上/下反角　根据机翼相对机身的空间角度来看有上反角和下反角之分。机翼底面与垂直机身对称面的平面之间的夹角，如果翼尖上翘，就叫上反角；如果翼尖下垂，就叫下反角，如图 2-17 所示。

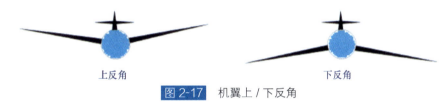

图 2-17　机翼上/下反角

（4）机翼的几何扭转角　即机翼任一剖面的弦线相对翼根弦的角度。若该剖面的局部迎角大于翼根剖面的迎角，扭转角为正，反之为负，如图 2-18 所示。

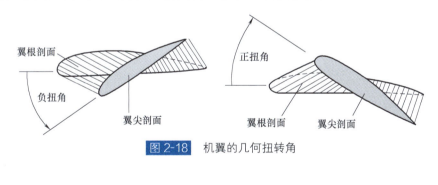

图 2-18　机翼的几何扭转角

任 务 核 验

一、填空题

1. 常见的翼型有_____、_____、_____、_____等。
2. 弦长是指_____。
3. _____是组成翼面的基本元素。
4. 机翼翼根弦与机身轴线之间的夹角是_____。
5. 安装角是指_____。

6. 展弦比是机翼的_____和_____的比值。
7. 低速飞行无人机一般采用____和____翼型的机翼，高速飞行无人机一般采用____和____翼型的机翼。
8. 前缘半径越____，说明翼型前缘越钝；前缘半径越____，说明翼型前缘越尖。
9. 展弦比小，机翼____；展弦比大，机翼____。
10. _____表示翼型的弯曲程度。

二、完成工作页中"项目2——工作任务2　探究固定翼无人机机翼的形状"相关内容。

三、简答题

1. 简述常见的翼型及其几何参数都有哪些。

2. 简述常见的机翼平面形状都有哪些。

3. 简述常用的机翼几何参数都有哪些。

任务3　升力产生的原理

知识目标

1. 掌握升力产生的原理。
2. 掌握升力公式及影响因素。
3. 理解升力系数的物理含义。
4. 了解升力公式的推导过程。

任务描述

无人机飞行时，各个气动部件都会产生升力，但绝大部分是由机翼产生的，尾翼通常产生负升力，其他部分产生的升力很小。

本任务主要介绍机翼产生升力的原理及影响因素。

任务学习

知识点1：升力的产生

升力是支托无人机在空中飞行的空气动力。无人机改变飞行状态，常常是通过改变升力的大小和方向来实现的。因此，学习升力的产生和变化具有重要意义。下面以主机翼为例说明固定翼无人机升力的产生原理及变化规律。

1. 迎角

在低速气流中，翼型的流线谱主要取决于翼型和机翼在气流中的位置关系。机翼在气流中的位置关系常用迎角表示。

（1）迎角（用 α 表示）的概念　迎角是指翼弦与相对气流方向之间的夹角，如图 2-19 所示。

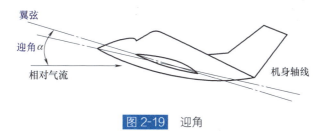

图 2-19　迎角

（2）迎角的正负　相对气流方向指向机翼下表面时，迎角为正（见图 2-20a）；相对气流方向指向机翼上表面时，迎角为负（见图 2-20b）；相对气流方向与翼弦平行时，迎角为零。

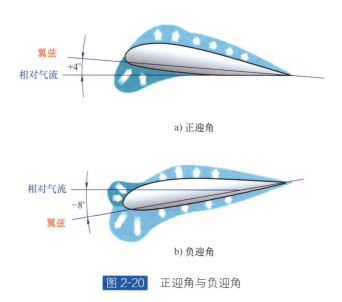

a）正迎角

b）负迎角

图 2-20　正迎角与负迎角

2. 升力的产生

相对气流流过翼型时，流线和流管将发生变化，引起绕翼型的压力发生变化，只要上、下翼面存在压力差，就会产生升力。下面以气流绕双凸翼型的流线谱来说明升力的产生原理，如图2-21所示。

1）从流线谱可以看出，空气流到翼型的前缘，分成上、下两股，分别沿翼型的上、下表面流过，并在翼型的后缘汇合后向后流去。

9. 翼型气流可视化

图 2-21 机翼流线谱

2）翼型的上表面，由于正迎角和翼面外凸的影响，流管收缩，流速增大，压力降低（根据连续性定理和伯努利定理）；而翼型的下表面，气流受阻，流管扩张，流速减慢，压力增大。翼型的上、下翼面出现压力差，总压力差在垂直与相对气流方向的分量，就是翼型的升力，如图2-22所示。

图 2-22 机翼产生升力的原理示意图

3）机翼升力的着力点，叫作压力中心（见图2-22）。迎角改变，压力分布随之变化，压力中心位置也相应移动。以迎角（在一定范围内）增大为例，随迎角的增加，机翼上表面前部流管更细、流速更快、压力更小，因而压力中心前移；反之，则后移。压力中心的移动规律对飞机的平衡、稳定性和操纵性有很大的影响。

4）机身和水平尾翼也能产生一部分升力，产生的原因与机翼升力产生的原因相同。无人机各部分升力的总和，就是总升力。

3. 翼型表面的压力分布及表示方法

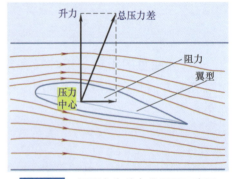

10. 不同迎角下翼型的风洞烟流实验

空气流过机翼上、下表面时的压力变化，可以通过试验来测定。机翼的升力是由上、下翼面的压力差（F_1 和 F_2）产生的，如图2-23所示。要想了解机翼各部分升力的贡献大小，就需要知道机翼的压力分布情况。描述机翼的压力分布情况常用的方法有矢量表示法和坐标表示法。

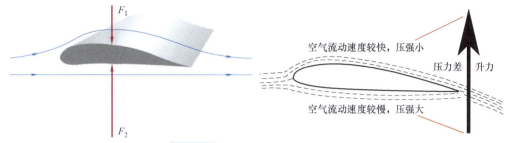

图 2-23 机翼产生升力的示意图

（1）矢量表示法 在描述机翼压力分布时，通常将机翼上各点的静压（p）与大气压（p_0）进行比较。机翼面各点静压与大气压之差称为剩余压力，即 $\Delta p = p - p_0$。如果机翼面上某点的压力高于大气压，则 Δp 为正值，称之为正压，形成压力；如果机翼面上某点的压力低于大气压，则 Δp 为负值，称之为负压，形成吸力。

正压和负压可以用矢量来表示，矢量箭头长度表示正压和负压的大小。矢量方向与翼面垂直，箭头由翼面指向外，表示吸力；箭头指向翼面，表示压力，如图 2-24 所示。

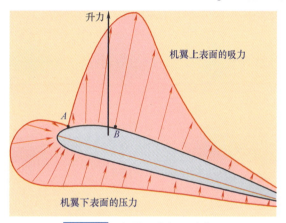

图 2-24 机翼压力矢量分布图

由图 2-24 可见，将各点矢量的外端用光滑的曲线连接起来，就得到了矢量表示的机翼压力分布图。从图上可以看到两个特殊的点，在机翼前缘，流速减小到零，正压最大的点，叫驻点，即图中 A 点。吸力最大的点，被称为最低压力点，即图中 B 点。

（2）坐标表示法 在低速流动时，当翼型和迎角一定，翼型的流线谱不变，则翼面某点的流速就是一确定值，所有翼面上该点的压力系数（C_p）也就是一个定值，而且压力系数是个无量纲参数，这表明翼面各点的压力系数主要取决于迎角和翼型，与动压无关。如图 2-25 所示，横坐标表示机翼弦长（b）的坐标位置，纵坐标是不同弦长对应的升力系数（C_p）。很显然，有了机翼压力分布图，机翼各部位所产生的升力在机翼总升力中所占的比例便一目了然。

1）机翼的升力大部分是靠上表面的压力减小（吸力）获得的。由上表面吸力所形成的升力一般占总升

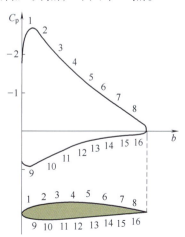

图 2-25 压力系数-弦长坐标系

力的 60%～80%,而由下表面正压力所形成的升力只占总升力的 20%～40%。当气流以小迎角流过双凸翼时,下表面产生的也是吸力,则下翼面不仅不产生升力,而且起减小升力的作用,此时机翼的升力全靠上翼面的吸力获得。

2)通过进一步观察机翼压力分布图我们发现,机翼上表面前半部产生的吸力大,后半部产生的吸力小。所以,机翼上表面前半部对升力产生的贡献最大。

知识点 2:升力公式及影响升力的因素

1. 升力公式

固定翼无人机的升力是由机翼上、下翼面存在的压力差而产生的,因此引起机翼压力变化的因素都可以引起升力的变化。

(1)升力公式的推导　设流过翼型上、下表面的气流速度和在Ⅱ-Ⅱ截面处压力分别为 $v_上$、$p_上$ 及 $v_下$、$p_下$(见图 2-26)。根据伯努利方程,有

$$\frac{1}{2}\rho v_\infty^2 + p_\infty = \frac{1}{2}\rho v_上^2 + p_上 \tag{2-1}$$

$$\frac{1}{2}\rho v_\infty^2 + p_\infty = \frac{1}{2}\rho v_下^2 + p_下 \tag{2-2}$$

整理后得

$$\Delta p_上 = p_上 - p_\infty = \frac{1}{2}\rho v_\infty^2 \left(1 - \frac{v_上^2}{v_\infty^2}\right) = \frac{1}{2}\rho v_\infty^2 \times C_{p上} \tag{2-3}$$

$$\Delta p_下 = p_下 - p_\infty = \frac{1}{2}\rho v_\infty^2 \left(1 - \frac{v_下^2}{v_\infty^2}\right) = \frac{1}{2}\rho v_\infty^2 \times C_{p下} \tag{2-4}$$

在单位展长机翼上,沿弦向取微段 dx,设其上表面的微段弧长为 $ds_上$,下表面的微段弧长为 $ds_下$,它们的切线与 X 轴的夹角分别为 $\delta_上$、$\delta_下$,如图 2-26b 所示,则作用在该微段上的升力为

$$dL = (\Delta p_下 \cos\delta_下 - \Delta p_上 \cos\delta_上)\cos\alpha \tag{2-5}$$

因为 $ds_上 = ds_下 = dx$,于是作用在单位展长机翼的升力

$$L_{型} = \int (\Delta p_下 \cos\delta_下 - \Delta p_上 \cos\delta_上)\cos\alpha dx \cdot 1 \tag{2-6}$$

将式(2-3)和式(2-4)代入式(2-6),得

$$L_{型} = \frac{1}{2}\rho_\infty v_\infty^2 \cdot \int_0^b (C_{p下}\cos\delta_下 - C_{p上}\cos\delta_上)\cos\alpha dx \cdot 1$$

$$= \frac{1}{2}\rho_\infty v_\infty^2 \cdot b \cdot 1 \int_0^b (C_{p下}\cos\delta_下 - C_{p上}\cos\delta_上)\cos\alpha d\bar{x}$$

式中,$\bar{x} = \dfrac{x}{b}$,令

$$C_{L型} = \int_1^b (C_{p下}\cos\delta_下 - C_{p上}\cos\delta_上)\cos\alpha d\overline{x} \qquad (2-7)$$

则式（2-7）可以表示为

$$L_型 = C_L \cdot \frac{1}{2}\rho_\infty v_\infty^2 \cdot b \cdot 1 \qquad (2-8)$$

式（2-8）就是翼型的升力公式，式中的（$b \cdot 1$）是机翼的面积 S，C_L 称为翼型的升力系数。

同理，固定翼无人机的升力公式可以表示为

$$L = C_L \cdot \frac{1}{2}\rho v^2 \cdot S \qquad (2-9)$$

式中，C_L 为升力系数；$\frac{1}{2}\rho v^2$ 为飞行动压；S 为机翼的面积。

根据升力公式分析可知，固定翼无人机的升力与升力系数、飞行动压及机翼面积成正比。影响升力系数大小的因素有机翼形状、飞行迎角等；影响飞行动压大小的因素有飞行器所处环境的空气密度、相对气流速度等。

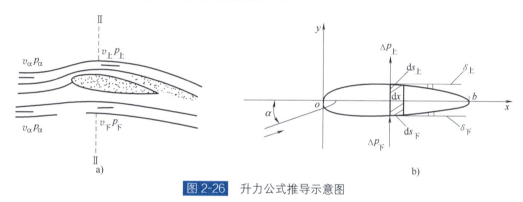

图 2-26　升力公式推导示意图

（2）升力系数的物理意义　升力系数的大小取决于翼型和迎角，即升力系数（C_y）是表示翼型和迎角对机翼升力影响大小的数值。

空气流过实际机翼时，气流参数沿展向是变化的，即压力系数（C_p）沿展向是变化的。实际机翼称为三维翼，所以，升力系数 C_y 是机翼沿展向各剖面升力系数的平均值。因此，C_y 综合表达了机翼迎角、机翼形状（主要是翼型）等因素对升力的影响。对同一机型飞机或无人机来说，机翼形状（翼型）不变时，C_y 的大小就只随迎角变化。

实际飞行中，机身、尾翼等部件也要产生一部分升力，具体机型的升力系数是通过试验确定的。

2. 影响升力大小的因素

（1）翼型对升力系数的影响　翼型不同，机翼流线谱和压力分布不同，升力大小也不同。图 2-27 是在相对厚度、迎角相同的情况下，三种翼型的流线谱，可以看出：

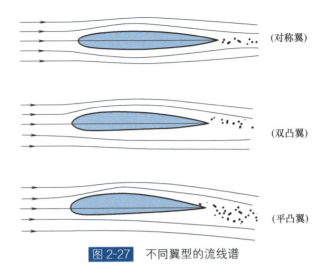

图 2-27　不同翼型的流线谱

1）表面流管的特点。上表面：平凸翼最细，双凸翼次之，对称翼最粗；下表面：平凸翼最粗，双凸翼次之，对称翼最细。这是由于平凸翼相对弯度最大，双凸翼次之，对称翼为零。流线谱不同，压力分布也不同，升力也不同。

2）表面压力系数的特点。上表面：平凸翼最小，双凸翼次之，对称翼最大；下表面：平凸翼最大，双凸翼次之，对称翼最小。所以，平凸翼升力系数最大，双凸翼次之，对称翼最小。

3）在其他因素不变时，升力系数最大的平凸翼机翼升力也最大，升力系数最小的对称翼机翼升力也最小。

图 2-28 为相对厚度相同的平凸翼、双凸翼在相同迎角下的压力分布和升力。

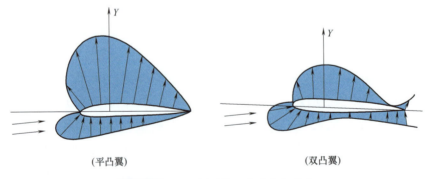

图 2-28　不同翼型的压力分布与升力

根据升力公式，对同一型号无人机来说，翼型和机翼面积在通常情况下是不变的，空气密度的大小取决于飞行高度。所以，改变升力的主要方法是改变飞行速度和迎角，即飞行速度和迎角是影响升力大小的两个主要因素。

（2）迎角对升力的影响　迎角不同，机翼流线谱也不同，从而升力的大小也发生变化。在一定迎角范围内，增大迎角，升力增大。这是因为，随着迎角的增大，机翼上表面前部，流线更为弯曲，流管更为收缩，于是流速加快，压力降低，吸力增大。与此同时，气流受下表面的阻挡作用更强，流速减慢，压力提高。于是，机翼上、下表面压力差增大，所以升力增大。

当迎角增大到某一值时，机翼上表面前部流管变得最细，流速最快，吸力最大；下表面流管变得更粗，流速更慢，正压力更大。上、下压力差增加到最大，所以升力最大。超过这一迎角，迎角再继续增加，升力反而减小，其原因主要是机翼上表面的涡流区扩大，以致在上表面前部流管扩张，吸力降低所致。升力系数与迎角变化关系的曲线将此规律清晰呈现，如图 2-29 所示。

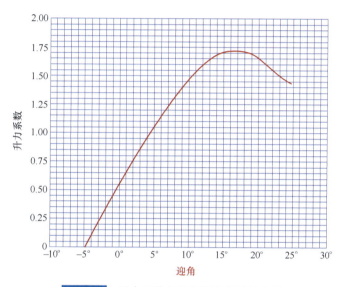

图 2-29　升力系数与迎角变化关系的曲线

由上述可知，迎角增大，上表面前段的流管变细，升力增大，但同时，在机翼上表面的后部，涡流区扩大，破坏了空气的平顺流动，从而使升力减小。这两个方面是矛盾的，并且它们在不同迎角范围内，对升力的影响是不相同的。

在小迎角下，如图 2-30a 所示，涡流区只占机翼后部很小的一段范围，整体对机翼压力分布影响不大。虽然迎角增大时，气流分离点会逐渐前移，而涡流区也会逐渐扩大，但是对机翼表面空气的平顺流动影响较小。增大迎角，是上表面流管变细的主要作用，升力依旧随迎角的增大而继续升高。

超过某一迎角后，迎角再增大，由于气流分离点迅速前移，涡流区迅速扩大，如图 2-30b 和图 2-30c 所示，破坏了空气的平顺流动，使机翼上表面的前段，流管反而变粗，流速减慢，吸力降低。因为升力主要是由上表面前段的吸力产生的，现在这个地方的吸力降低了，所以升力减小。在飞行速度等其他条件相同的情况下，得到最大升力的迎角，叫作临界迎角。超过临界迎角后，升力不再随迎角的增大而增大，而是不断减小。

虽然改变迎角比改变飞行速度使飞机的反应要快得多，但实际飞行时，为了尽快得到较大的升力，飞行员一般是先增大飞行速度，再增大迎角。这是因为先拉杆虽然迎角能很快增加，但迎角增加过多，一旦超过临界迎角，飞机将会失速。

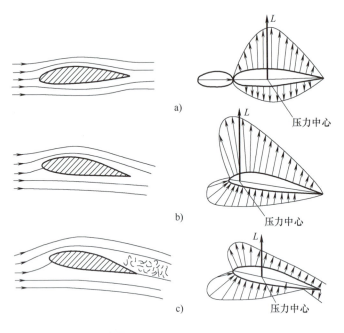

图 2-30　不同迎角下的机翼升力

（3）空气密度对升力的影响　空气密度和飞机的飞行速度不同，会导致相对气流的动压不同，在低速的条件下，虽然流线谱基本上不改变，但它直接影响机翼各处压力的变化，从而影响升力。

当空气密度增大时，作用在机翼上表面的吸力和下表面的正压力都增大，机翼上、下压力差增大，则升力增大；反之，升力减小。飞行高度和气温有关，都会影响空气密度的大小，飞行高度低或气温低，空气密度就大，升力也就大，反之，升力减小。

（4）相对气流速度对升力的影响　飞行速度增大，即相对气流速度增大，那么机翼上表面的气流速度就要比下表面的气流速度增大得更多。所以上表面压力比下表面压力减小得更多，上、下压力差增大，升力随之增大。根据试验数据可得：升力与飞行速度的平方成正比。

综合来看，空气密度和飞行速度对升力的影响，就是气流动压对升力的影响。气流的动压越大，产生的升力也越大，即升力与相对气流中的动压成正比。

（5）机翼面积对升力的影响　在其他因素不变的条件下，机翼面积的变化虽然不会引起流线谱和压力分布的改变，但它使机翼上、下表面产生的压力差的面积发生变化，从而影响升力。机翼面积大，产生上、下压力差的面积就越大，产生上下压力差的总和也就越大，所以升力增加。

任 务 核 验

一、选择题

1. 飞机的迎角是（　　）。
   A. 纵轴与水平面的夹角　　B. 翼弦与水平面的夹角　　C. 翼弦与相对气流的夹角
2. 当无人机的迎角为临界迎角时（　　）。
   A. 飞行速度最大　　　　　B. 升力系数最大　　　　　C. 阻力最小
3. 无人机能够在空中飞行，主要是依据哪种物理定律（　　）。
   A. 牛顿定律　　　　　　　　　　　　　　B. 万有引力定理
   C. 伯努利定理　　　　　　　　　　　　　D. 开普勒定律
4. 升力与机翼面积（　　）。
   A. 无关　　　　　　　　　　　　　　　　B. 成正比
   C. 成反比　　　　　　　　　　　　　　　D. 线性变化
5. 机翼升力的产生主要靠（　　）的作用。
   A. 机翼上表面压力　　　　　　　　　　　B. 机翼下表面压力
   C. 机翼上下表面压力差　　　　　　　　　D. 机翼下表面吸力
6. 下列不属于影响机翼升力系数的因素是（　　）。
   A. 翼剖面形状　　　　　B. 迎角　　　　　C. 空气密度
7. 关于升力的说法错误的是（　　）。
   A. 一般来说，不对称的翼型在迎角为零时仍可以产生升力
   B. 与翼型的形状有很大的关系
   C. 与机翼的面积大小成正比
   D. 与迎角的大小成正比

二、完成工作页中"项目2——工作任务3　探究机翼产生升力的原理"相关内容。

三、简答题

1. 简述机翼产生升力的原理。

2. 简述升力系数的物理意义。

3. 总结影响升力大小的因素。

任务4 阻力产生的原理

知识目标

1. 掌握阻力的种类及产生的原理。
2. 掌握不同阻力的特点及减小方法。
3. 掌握影响阻力大小的因素。

任务描述

无人机在空中飞行时会有各种阻力，阻力是与运动方向相反的空气动力，也是阻碍无人机前进的空气动力。阻力对无人机增速是不利的，但对无人机减速是有利的。

本任务主要学习无人机阻力的产生、变化规律、影响因素等。

任务学习

知识点1：阻力的产生

阻力是由无人机各部分部件所产生，是阻碍无人机前进的空气动力。阻力的方向平行于飞行速度方向（相对气流方向），且与飞行速度方向相反。在低速飞行时，根据阻力形成原因的不同可以分为：摩擦阻力、压差阻力、干扰阻力、诱导阻力。其中摩擦阻力、压差阻力、干扰阻力与空气黏性有关，诱导阻力主要与升力有关。

1. 低速气流产生阻力的特性

在讨论飞行阻力之前，我们需要先了解与阻力相关的飞行环境，影响固定翼无人机运动的阻力主要与空气黏性有关，空气与机体结构产生阻力的主要区域是附面层区域。

（1）附面层的概念　附面层就是指在紧贴物体表面、气流速度从物体表面速度为零处逐渐增大到99%主流速度的很薄的空气流动层，如图2-31所示。有黏性的气体流过物体时,由于物体表面不是绝对光滑的，且对空气分子有吸附作用，这样紧贴物体表面的一层气流受到阻滞和吸附，气流速度变为零。这层速度为零的空气层又通过黏性影

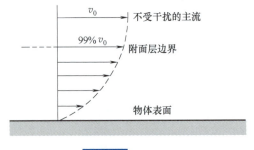

图2-31　附面层

响到其外层的气流，使其外层气流速度减小。这样一层层地向外影响下去，在紧贴物体表面的地方就出现了气流速度沿物体表面法线方向逐渐增大的薄层。

（2）附面层的特点

1）附面层内沿物体表面法线方向压强不变且等于法线主流压强。如果沿物体表面法线方向测量附面层沿着垂直方向的静压强 p 的变化，其结果是压强 p 在附面层内沿垂直方向几乎不变。

2）附面层的厚度随气流流经物体表面距离的增长而变厚。空气沿物体表面流动时，紧贴附面层的一层空气要不断受到附面层内空气黏性的影响，逐渐减速变为附面层内的气流，因而空气沿物体表面流过的距离越长，附面层的厚度也就越厚。

（3）附面层的分类　气流沿物体表面流动时，在物体表面的前段一般是层流，后端是湍流，层流和湍流之间的过渡区被称为转捩点，如图 2-32 所示。

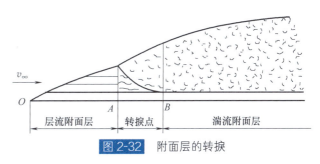

图 2-32　附面层的转捩

黏性气体的流动存在两种基本流态，即层流附面层和湍流附面层。层流附面层是指气体微团沿物面法向分层流动，互不混淆，空气微团没有明显的上下扰动的现象；湍流附面层是指气体微团除了沿物面流动外，还明显地沿物面法向上下扰动，使各层之间有强烈的混合，形成紊乱的流动。

2. 飞行阻力的类型及特性

（1）摩擦阻力　由于紧贴机体表面的空气受到阻碍作用而流速降低到 0，根据作用力与反作用力定律，无人机机体必然受到空气的反作用力。这个反作用力与飞行方向相反，称为摩擦阻力。摩擦阻力的方向与相对气流方向一致，与飞行方向相反，阻碍固定翼无人机前进。

摩擦阻力的大小与附面层的类型和转捩点的位置密切相关。飞行速度越大，使得转捩点前移，因此湍流附面层所占的比例就大于层流附面层，摩擦阻力增大；空气与机体接触面积越大，摩擦阻力就越大；机体表面越粗糙，摩擦阻力也越大。

（2）压差阻力

1）压差阻力的概念。压差阻力是一种由于物体的前后有压力差而引起的阻力。空气流过机翼的过程中，在机翼前缘部分，受机翼阻挡，流速减慢，压力增大；在机翼后部，由于气流分离形成涡流区，压力减小。这样，机翼前后便产生压力差，阻碍固定翼无人机的飞行，形成阻力，如图 2-33 所示。

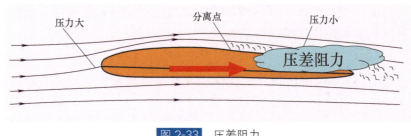

图 2-33 压差阻力

2)顺压梯度和逆压梯度。流体流过曲面时,由于曲面弯度的影响,主流沿流动方向压强变化,即存在压强梯度,如果流动方向以 x 向表示,压强梯度可表示为 dp/dx。压强梯度对附面层气流的流动将产生很大的影响。如图 2-34 所示,从 O 到 A,流线逐渐变密,流速增快,压强降低,$dp/dx < 0$,称为顺压梯度;从 A 到 B,流线逐渐变稀,流速减慢,压强升高,$dp/dx > 0$,称为逆压梯度。

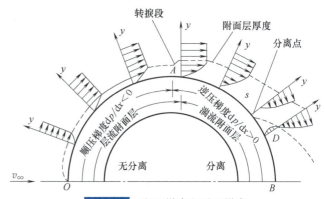

图 2-34 顺压梯度和逆压梯度

3)迎角对压差阻力的影响。飞行中,迎角大小对压差阻力有很大影响。迎角增大时,机翼上表面最低压力点的压力降低。因此,后缘部分的压力比最低压力点的压力大得更多(即反压力更大),于是,在上表面后部的附面层中,空气向前倒流的趋势增强,气流分离点向前移动,而使涡流区扩大,压力减小更多。与此同时,机翼前部气流受阻程度增大,使前部压力增大得更多。因此,前后压力差增大,从而使机翼的压差阻力增大。当迎角增大到超过临界迎角以后,由于分离点迅速前移,涡流区扩大到机翼的前部,压力降低更多,同时,前部气流受阻更大,压力增大更多。于是,前后压力差增大得更加显著,压差阻力更大。由此可见,迎角增大,压差阻力增大,而且迎角越大,压差阻力增大越多。

4)物体形状对压差阻力的影响。实验表明,流线型物体的压差阻力最小。前圆后尖的流线型物体有利于减小压差阻力。圆板与切面积一样大的流线型物体比较,流线型物体的压差阻力小。因为圆板前部气流受阻挡,压力很大,后部的涡流区大,压力很小,前后压力差很大。而流线型物体的前部,气流受到的阻挡比较小,压力增大不多,后部涡流区小,压力降低得少,所以流线型物体前后压力差小,压差阻力小,如图 2-35 所示。

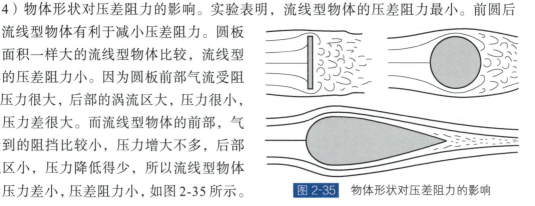

图 2-35 物体形状对压差阻力的影响

（3）干扰阻力　将固定翼无人机各部分结合起来之后，还会因气流互相作用、互相干扰而引起一种附加的阻力，这种附加阻力，叫作干扰阻力。

下面以空气流过机翼与机身结合部分的情形（见图2-36），来说明干扰阻力是如何产生的。

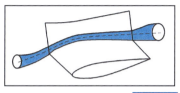 

图2-36　机翼与机身结合后的相互干扰

机翼表面和机身表面都向外凸出，所以在机翼与机身结合部分的中部，流管剧烈收缩，流速迅速加快，压力很快降低。而在后部，流管剧烈扩张，流速迅速减慢，压力很快增高。这使得附面层内气流在更大的反压力作用下，引起分离点前移，涡流区扩大，以致机翼和机身组合体的阻力，比单个机翼的阻力与单个机身的阻力之和还大。这个附加的阻力，就是干扰阻力。

（4）诱导阻力　诱导阻力的产生与翼尖涡和下洗流有关，并且与升力的产生也有关。

1）翼尖涡的形成。当机翼产生正升力时，下翼面的压强比上翼面高，在上、下翼面压强差的作用下，下翼面的气流就绕过翼尖流向上翼面（见图2-37），这样就使下翼面的气流由机翼的翼根向翼尖倾斜，而上翼面的气流则由翼尖偏向翼根（见图2-38）。

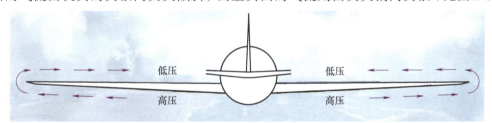

图2-37　下翼面的气流绕过翼尖流向上翼面

由于上、下翼面气流在后缘处具有不同的流向，于是就形成涡流，并在翼尖卷成翼尖涡，翼尖涡向后流就形成翼尖涡流，如图2-39所示。

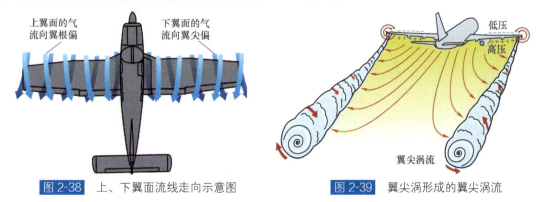

图2-38　上、下翼面流线走向示意图　　　图2-39　翼尖涡形成的翼尖涡流

11. 翼尖涡流

机翼上产生的升力越多，翼尖涡也就越强。从固定翼无人机的后部向前看，右机翼的翼尖涡是逆时针旋转，左机翼的翼尖涡是顺时针旋转。飞行过程中，因翼尖涡内的空气压强低，如果空气中含有足够的水蒸气，就会因膨胀冷却而结成水珠，形成由翼尖向后的两道白雾状的涡流索。

2）下洗流和下洗角。由于两个翼尖涡的存在，会导致在翼展范围内出现一个向下的诱导速度场，称为下洗。下洗速度的存在，改变了翼型的气流方向，使流过翼型的气流向下倾斜，这个向下倾斜的气流称为下洗流，下洗流改变了翼型的气流方向，使流过翼型的气流向下倾斜，如图2-40所示。

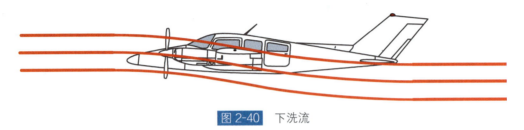

图 2-40　下洗流

下洗流向下倾斜气流的速度称为下洗速度，用 v' 表示，如图 2-41 所示。下洗流与相对气流之间的夹角称为下洗角，用 ε 表示，下洗流与翼弦之间的夹角称为有效迎角，用 α_t 表示。

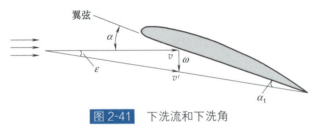

图 2-41　下洗流和下洗角

3）诱导阻力的产生。当气流流过机翼时，如果没有下洗流，作用在机翼上的升力是垂直于相对气流 v 的；当有下洗流产生时，实际升力应垂直于下洗流 v'。因此，对照没有下洗流的情况来说，实际升力 L' 相对于相对气流的方向向后倾斜了一个角度 ε，如图 2-42 所示。实际升力 L' 对固定翼无人机的运动起着两个作用：一是垂直于相对气流方向的分力（L）起着克服重力的作用；二是平行与相对气流方向的分力起着阻碍无人机前行的作用，这个阻力就是诱导阻力 D。

诱导阻力主要受到机翼形状、展弦比、升力大小、飞行速度的影响。椭圆翼型的诱导阻力最小。在平直飞行中，诱导阻力与飞行速度的平方成反比。

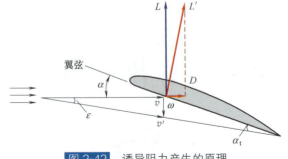

图 2-42　诱导阻力产生的原理

知识点 2：阻力公式及影响阻力的因素

1. 阻力公式

阻力和升力都是空气动力，影响升力变化的因素也同样影响着阻力的变化。飞行速度和空气密度增大，都会引起阻力增加，这和它们对升力的影响是一样的。机翼面积大，产生阻力的地方就多，所以阻力也会增大。迎角增加，机翼和固定翼无人机其他部分后部的涡流增多，也会导致阻力加大。特别是超过临界迎角以后，机翼后部的涡流显著增多，压差阻力将迅速变大。阻力的大小还与固定翼无人机的外形和表面粗糙度有关，表面粗糙度越小，阻力越小；如果固定翼无人机的表面变得粗糙了，空气与固定翼无人机的摩擦就会加剧，摩擦阻力也就增大。如果固定翼无人机外形改变了，空气不能顺利地流过，产生的涡流就会增多，压差阻力随之加大。

上述影响阻力大小的因素与阻力的关系，可用阻力公式表示如下

$$D = C_D \cdot \frac{1}{2} \rho v^2 \cdot S \quad (2\text{-}10)$$

式中，D 为固定翼无人机阻力；C_D 为阻力系数。

阻力系数 C_D 综合表示迎角、固定翼无人机的外形、固定翼无人机表面粗糙度和密封性等因素对阻力的影响。

2. 影响阻力大小的因素

（1）迎角对压差阻力和诱导阻力的影响　飞行时迎角的变化范围不大，改变迎角时，附面层的性质及其附着面积的变化也不大，摩擦阻力基本不随迎角变化。因此我们只讨论迎角对压差阻力和诱导阻力的影响。

在中、小迎角时，改变迎角，压差阻力变化不大；而在大迎角时，迎角继续增大，机翼后缘涡流区明显扩大，使压差阻力明显增大；超过临界迎角后，增大迎角，机翼表面发生严重的气流分离，分离点迅速前移，涡流区迅速扩大，机翼后缘压力减小很多，导致压差阻力急剧增大。

在临界迎角范围内，迎角增大，随着升力增大，翼尖涡增强，气流下洗角增大，导致实际升力更加向后倾斜，从而使诱导阻力迅速增加，如图 2-43 所示。

（2）翼型和机身形状对压差阻力的影响　翼型不同，压差阻力不同。相对弯度较大的翼型，上表面弯曲明显，最低压力点的压力较小，同一迎角下分离点靠前，涡流区较大，压差阻力较大。例如，迎角、相对厚度都相同的平凸翼和双凸翼相比较，平凸翼压差阻力大。

机身形状不同，压差阻力也不同。尖头、尖尾等梭形机身，压差阻力最小；而钝头机身由于气流受机身头部的阻挡，流速减慢，压力增大，压差阻力增大。如果机身是切尾旋成体（即机身尾端是一个突然中止的断面），当空气沿机身流到尾部时，会在端面

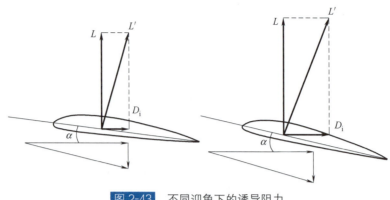

图 2-43　不同迎角下的诱导阻力

上突然发生分离，形成底部低压区，从而使压差阻力增大，增大的这部分压差阻力称为底部阻力。

（3）展弦比对诱导阻力的影响　展弦比的大小对无人机的诱导阻力有较大的影响。例如，面积相同但展弦比小的机翼，在产生相同升力时，由于翼尖部分的升力占的比例大，翼尖涡强，对机翼中部的影响也较显著，平均下洗速度大（见图2-44），因此，诱导阻力就大。

（4）机翼的平面形状对诱导阻力的影响　无人机的诱导阻力还与机翼的平面形状有关，在其他条件相同时，理论计算和实

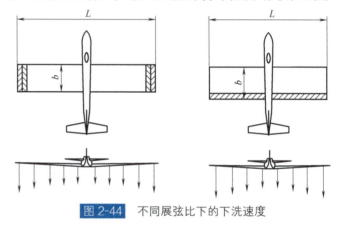

图 2-44　不同展弦比下的下洗速度

验都表明，椭圆机翼的诱导阻力最小，矩形机翼的最大。

3. 减少阻力的措施

（1）保持机体表面光洁　机体表面的光滑、清洁程度对摩擦阻力的影响很大。实验表明，如果机体的表面，凸凹不平达到 0.01～0.15mm（即相当于一根头发丝粗的七分之一），那么这块面积上的摩擦阻力就会增大 10%～15%。日常使用时，应及时擦拭固定翼无人机表面，保持表面清洁，保证机体表面没有污物、划伤、凹陷或突起。

（2）保持机体的外形完好　固定翼无人机的流线型外形，包括各整流罩和整流片，都是为了减小压差阻力的（干扰阻力实质也是压差阻力），因此，必须保持好它们的外形。否则，将会引起局部气流分离，产生涡流，增大压差阻力，影响固定翼无人机的飞行性能。

（3）保持固定翼无人机的密封性　及时检查设备舱连接处的密封装置，如橡皮垫

子、橡皮套等，使他们经常处于良好状态。

任 务 核 验

一、选择题

1. 在机翼上，驻点处是（　　）。
   A. 空气与前缘相遇的地方　　B. 空气与后缘相遇的地方　　C. 都不正确
2. 气流产生下洗是由于（　　）。
   A. 机翼上下表面存在压力差的影响
   B. 分离点后出现旋涡的影响
   C. 转换点后湍流的影响
3. 迎角减小，压力中心的位置会（　　）。
   A. 前移　　　　　　　　　　B. 后移　　　　　　　　　　C. 保持不变
4. 气流沿机翼表面附面层类型的变化（　　）。
   A. 可由层流变为湍流　　　　B. 一般不发生变化　　　　　C. 可由湍流变为层流
5. 在翼型后部产生涡流，会造成（　　）。
   A. 压差阻力增加　　　　　　B. 升力增加　　　　　　　　C. 摩擦阻力增加
6. 流体的黏性与温度之间的关系是（　　）。
   A. 气体的黏性随温度的升高而增大
   B. 液体的黏性随温度的升高而增大
   C. 液体的黏性与温度无关

二、完成工作页中"项目2——工作任务4　探究机翼产生阻力的原理"相关内容。

三、简答题

1. 简述低速气流产生阻力的特性。

2. 简述固定翼无人机的飞行阻力都有哪些。

3. 简述影响阻力大小的因素都有哪些。

任务5 固定翼无人机低速特性

知识目标

1. 了解空气动力特性曲线。
2. 掌握无人机的气动特性。
3. 掌握翼型及机翼几何参数对气动特性的影响。

任务描述

固定翼无人机的空气动力特性,简称气动特性,是决定固定翼无人机飞行性能的一个重要因素,包括升力特性、阻力特性、升阻比特性、俯仰力矩特性等。空气动力性能主要参数有最大升力系数、升力线斜率、零升力攻角、最小阻力系数、俯仰力矩系数等。

本任务主要围绕空气动力特性及空气动力性能参数展开介绍。

任务学习

知识点1:固定翼无人机空气动力特性曲线

通过风洞试验,可测定出固定翼无人机在各个不同迎角下的升力系数和阻力系数,对这些试验结果进行分析,可绘出升力系数曲线、阻力系数曲线以及升阻比曲线,这些曲线就是固定翼无人机的空气动力特性曲线。

1. 升力系数曲线

升力系数曲线表达了固定翼无人机升力系数 C_L 随迎角 α 变化的规律,如图2-45所示。

1)零升迎角。横坐标表示迎角的大小,纵坐标表示升力系数的大小,曲线与横坐标的交点对应的升力系数为0,升力为0,对应的迎角叫零升迎角,用 α_0 表示。翼型不同,零升迎角的大小也不同。对称翼型的零升迎角为0,因为当迎角为0时,上下翼面的流线对称,上下翼面压力一样大,升力系数等于0。具有一定弯度的非对称翼型的零升迎角一般为负值,这是因为当迎角

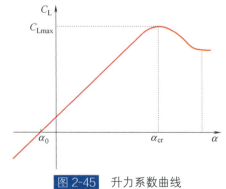

图2-45 升力系数曲线

为 0 时，上下翼面的流线不对称，上表面的流线更密，大于下表面的压强，升力系数大于 0；当升力系数为 0 时，迎角必然小于 0。

2）临界迎角。升力系数曲线最高点对应的升力系数最大，对应的迎角叫临界迎角，用 α_{cr} 表示。当升力系数最大时，固定翼无人机达到临界迎角。最大升力系数是决定固定翼无人机起飞和着陆性能的重要参数。最大升力系数越大，起飞速度就越小，所需要的跑道就越短，固定翼无人机起飞和着陆也就越安全。

3）升力系数变化规律。当迎角较小时，升力系数基本上随迎角的增大而成比例增大；当迎角较大时，升力系数随迎角增大的趋势减弱，曲线变得平缓；当迎角增大到一定值，即临界迎角时升力系数达到最大；超过临界迎角后，升力系数将随迎角的增大而减小。

2. 阻力系数曲线

阻力系数曲线反映了固定翼无人机阻力系数随迎角变化的规律，如图 2-46 所示，横坐标表示迎角的大小，纵坐标表示阻力系数的大小，阻力系数是随着迎角的增大而不断增大的。

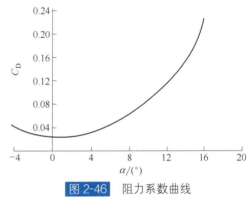

图 2-46　阻力系数曲线

1）迎角较小时，阻力系数较小，且增大得较慢；迎角较大时，阻力系数增大得较快；超过临界迎角以后，阻力系数急剧增大。因为在小迎角范围内，固定翼无人机的阻力主要是摩擦阻力，迎角对其影响较小；迎角较大时，固定翼无人机的阻力主要为压差阻力和诱导阻力，且随着迎角增大，分离点前移，机翼后部的涡流区扩大，压力减小，机翼前后的压力差增加，故压差阻力增加。迎角增大时，由于机翼上下表面的压力差增大，使翼尖涡流的作用更强，下洗角增大，导致实际升力更向后倾斜，故诱导阻力增大。超过临界迎角，气流分离严重，涡流区急剧扩大，压差阻力急剧增大，从而导致阻力系数急剧增大。

2）表征阻力特性的参数有最小阻力系数和零升阻力系数。阻力系数永远不为 0，也就是说固定翼无人机上的阻力是始终存在的。但阻力系数存在一个最小值，即最小阻力系数，它对固定翼无人机的最大速度影响很大。零升阻力系数是指升力系数为 0 时的阻力系数，固定翼无人机的最小阻力系数非常接近零升阻力系数，一般认为零升阻力系数就是最小阻力系数。

3. 升阻比曲线

升阻比是在相同迎角下，升力与阻力之比，即升力系数与阻力系数之比，用 K 表示，

即 $K = \dfrac{L}{D} = \dfrac{C_L}{C_D}$。升阻比曲线表达了升阻比随迎角变化的规律,如图 2-47 所示。

1)因为升力系数和阻力系数主要随迎角变化,所以升阻比的大小也主要随迎角变化,与空气密度、飞行速度、机翼面积的大小无关。升阻比越大,说明在同一升力的情况下,阻力较小,固定翼无人机的空气动力性能越好。

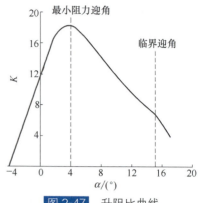

图 2-47 升阻比曲线

2)迎角由小逐渐增大,升阻比也逐渐增大,当迎角增至最小阻力迎角时,升阻比增至最大。迎角再增大,升阻比反而减小。在最小阻力迎角之前,随迎角增大,升力系数成线性增大,而阻力系数增加缓慢,升力系数比阻力系数增大得幅度更大,因此升阻比增大。达到最小阻力迎角时,升阻比达到最大值,叫最大升阻比。最大升阻比对应的迎角叫最小阻力迎角(有利迎角)。在最小阻力迎角后,随迎角增大,升力系数比阻力系数增大得幅度少,因此升阻比减小。迎角超过临界迎角后,由于压差阻力的急剧增大,升阻比急剧降低。在最小阻力迎角下飞行是最有利的。在最小阻力迎角下飞行时产生相同的升力,阻力最小,空气动力效率最高,所以一般固定翼无人机飞行的迎角都不大。

4. 极曲线

固定翼无人机极曲线是把它的升力系数和阻力系数随迎角变化的关系综合地用一条曲线画出来。这条极曲线能比较全面地表达固定翼无人机的空气动力性能,在空气动力计算中很有用,如图 2-48 所示,横坐标为阻力系数,纵坐标为升力系数。曲线上的每一点代表一个与升力系数、阻力系数对应的迎角。

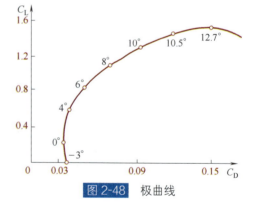

图 2-48 极曲线

从极曲线图上可以看出升力系数和阻力系数的对应值及所对应的迎角 α,也可找出零升迎角、临界迎角、最大升力系数和最小阻力系数等参数。由曲线上的某点向两坐标轴作垂线,其纵坐标为该点对应的升力系数,横坐标为所对应的阻力系数。

极曲线的作用如下:

1)从飞机极曲线上可查出该型飞机的零升迎角、临界迎角、最小阻力迎角及各迎角对应的升力系数、阻力系数。曲线与横坐标交点的迎角为零升迎角,对应的升力系数等于 0,横坐标为零升阻力系数;曲线最高点的迎角为临界迎角,对应的升力系数最大,横坐标为临界迎角时的阻力系数;纵坐标的平行线与曲线最左端切点的阻力系数为最小阻力系数。由坐标原点作极曲线的切线，则切点处对应的升阻比即为机翼的最大升阻比。对应的纵横坐标分别为最大升阻比的升力系数和阻力系数。

2）从曲线上可看出升力系数、阻力系数、升阻比随迎角的变化规律。从零升迎角开始至临界迎角，迎角增大，升力系数增大，阻力系数也增大。但是，在最小阻力迎角以内，曲线向右弯曲小，说明升力系数增加的比例大于阻力系数增加的比例，升阻比增大；超过最小阻力迎角，曲线向右弯曲大，说明升力系数增加的比例小于阻力系数增加的比例，升阻比减小。超过临界迎角，曲线向右斜下方弯曲，说明升力系数减小，阻力系数急剧增加，升阻比迅速减小。

3）极曲线同升力系数曲线结合使用，可查出各迎角的升力系数、阻力系数。在升力系数曲线上查出某一迎角的升力系数，依据该升力系数在飞机极曲线上查出该迎角对应的阻力系数，两者的比值就是该迎角的升阻比。

4）根据各个迎角的升力、阻力系数，可求出各个迎角的总空气动力系数，确定各个迎角总空气动力的方向。

知识点2：影响气动特性的因素

影响气动特性因素主要有升力特性、阻力特性和俯仰力矩特性。

升力特性包括：升力系数、最大升力系数、最大迎角、升力线斜率、零升迎角等。

阻力特性包括：阻力系数、最小阻力系数、阻力发散马赫数等。

俯仰力矩特性包括：俯仰力矩系数、零升力力矩系数、焦点（气动中心）位置、压力中心位置等。

1. 翼型几何参数与气动特性之间的关系

（1）最大升力系数与几何参数的关系

1）相对厚度的影响：如图2-49所示为三个相对厚度不同的翼型的升力系数随相对厚度的变化曲线。由图可知在小迎角下，相对厚度不同的三个翼型的升力系数的值差别不大；在较大迎角下，NACA4412翼型的升力系数较NACA4415和NACA4418翼型明显较小。（NACA翼型是美国国家航空咨询委员会（NACA）开发的一系列翼型。每个翼型的代号由"NACA"这四个字母与一串数字组成，将这串数字所描述的几何参数代入特定方程中即可得到翼型的精确形状。）

2）前缘半径的影响。翼型的前缘半径增

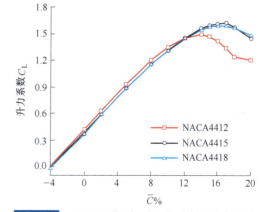

图2-49 不同翼型的相对厚度对应的升力系数

大，最大升力系数增加。

3）相对弯度的影响。翼型的相对弯度增大，最大升力系数增加。

（2）升力线斜率与几何参数的关系　相对厚度较小时，升力线斜率与翼型无关。相对厚度较大时，NACA四位数字翼型、NACA五位数字翼型的升力线斜率随相对厚度的增大而减小，具有光滑表面的NACA六位系列翼型的升力线斜率随相对厚度增大而增加。

（3）阻力系数与几何参数的关系

1）相对厚度的影响。在亚声速时，相对厚度对阻力系数影响较小，因为此时没有激波阻力。在跨、超声速时，相对厚度对阻力系数影响就比较大了，相对厚度增大，临界马赫数降低，阻力增加。

2）最大厚度位置的影响。一般对于翼型来说，最大厚度的位置往后移，阻力会降低。因为气流流过飞机表面，实际上是在附面层分成了层流和湍流，如果把最大厚度的位置往后移的话，有利于在机翼表面上保持更多的层流，所以阻力降低。

（4）力矩系数与几何参数的关系　相对弯度增大，绕1/4弦点的力矩系数更负，即低头力矩会更大一些。相对厚度对力矩系数的影响很小。

（5）零升力攻角与相对弯度的关系　相对弯度增大，零升力迎角的绝对值越大。

2. 机翼几何参数对气动特性的影响

（1）展弦比对气动特性的影响

1）对气动阻力的影响。对于低速飞机来说，展弦比增大，诱导阻力减小，所以对于低速固定翼无人机来说，展弦比一般都很大。而对于高速飞机来说，展弦比增大，激波阻力增大，所以高速固定翼无人机常采用小展弦比构型，如图2-50所示。

图 2-50　不同展弦比的固定翼无人机

2）对升力线斜率的影响。展弦比（AR）增大，升力线斜率增大，如图2-51所示。

3）对失速攻角和失速速度的影响。展弦比增大，失速迎角减小，即更易失速；而减小展弦比，可防止大迎角时的翼尖失速。

（2）梯形比对气动诱导阻力的影响　梯形比也叫梢根比，即翼梢弦长和翼根弦长之比。根据 Prandtl 的机翼理论，当升力分布为椭圆形时，此时诱导阻力最小。即若机翼没有扭转和后掠，则机翼平面形状为椭圆形时，升力分布为椭圆形，诱导阻力最小。实际上真正为了减少诱导阻力，而把机翼形状做成椭圆，从制造工艺角度讲是划不来的，会增加制造成本。当梯形比为 0.4 时，对应根梢比为 2.5 时，升力分布接近椭圆形，此时诱导阻力最低。图 2-52 所示为根梢比与诱导阻力的关系示意图。

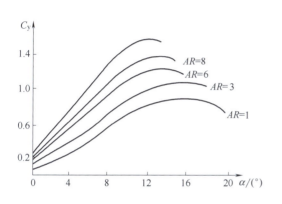

图 2-51　不同展弦比机翼对应的不同升力线斜率

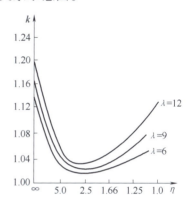

图 2-52　根梢比与诱导阻力的关系

（3）后掠角对气动特性的影响

1）后掠角增大，可以提高临界马赫数，延缓激波的产生。

2）后掠角增大，激波阻力降低，因此很多高速飞机均采用大后掠角的构型。

3）后掠角增大也会带来很多不利的影响，比如升力线斜率降低，如图 2-53 所示。

4）后掠角增大，最大升力系数降低，如图 2-53 所示，由于最大升力系数较小，所以一般后掠角大时飞机低速性能较差。

5）后掠角增大，低速时升阻比降低，如图 2-54 所示，在同样的迎角情况下，产生的升力就会小，升阻比就降低了。

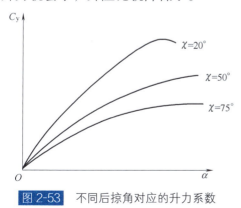

图 2-53　不同后掠角对应的升力系数

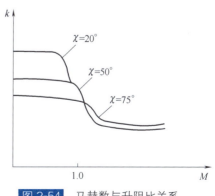

图 2-54　马赫数与升阻比关系

任 务 核 验

一、选择题

1. 临界迎角是（　　）。
   A. 最大上升率对应的迎角　　　　　　B. 最大升力系数对应的迎角
   C. 最大上升角对应的迎角　　　　　　D. 最大升阻比对应的迎角

2. 飞机迎角小于临界迎角，迎角增大，升力系数（　　）；飞机迎角大于临界迎角，迎角增大，升力系数（　　）。
   A. 减小、增大　　　　　　　　　　　B. 增大、减小
   C. 增大、增大　　　　　　　　　　　D. 减小、减小

3. 要保持相同的升力，当飞机速度减小时，飞机迎角应（　　）。
   A. 增大　　　　　　　　　　　　　　B. 减小
   C. 不变　　　　　　　　　　　　　　D. 不一定

4. 翼型升力系数的意义主要表示（　　）。
   A. 相对气流方向对升力的影响
   B. 迎角和翼型等因素对升力的综合影响
   C. 机翼面积对升力的影响
   D. 速度对升力的影响

5. 为了飞行安全，飞机飞行时的升力系数和迎角一般为（　　）。
   A. 最大升力系数和小于临界迎角的迎角限定值
   B. 小于最大升力系数和临界迎角的两个限定值
   C. 最大升力系数和临界迎角最大

6. 用最小阻力速度下滑，飞机的（　　）。
   A. 升阻比最大
   B. 下滑角最大
   C. 升力最大

7. 飞机在飞行时，升力方向是（　　）。
   A. 与翼弦垂直
   B. 与地面垂直
   C. 与相对气流速度垂直

8. 当飞机减小速度水平飞行时（　　）。
   A. 减小迎角以减小阻力
   B. 增大迎角以提高升力
   C. 保持迎角不变以防止失速

二、完成工作页中"项目2——工作任务5 探究固定翼无人机低速特性"相关内容。

三、简答题

1. 简述无人机空气动力特性曲线都有哪些。

2. 简述翼型几何参数对气动特性的影响。

3. 简述机翼几何参数对气动特性的影响。

项目 3　固定翼无人机飞行品质与飞行性能

飞行品质就是在力和力矩作用下的运动特性，是用于确定飞行状态的保持和改变的特性。飞行性能主要是指给定的飞机在已知外力（空气动力、发动机推力和重力）作用下的运动特性，通常用来确定飞机能飞多快、多高、多远、多久以及飞机的机动飞行性能、起落特性等问题。

本项目主要围绕固定翼无人机的"飞行品质"和"飞行性能"展开学习，其中飞行品质包括固定翼无人机的平衡、稳定性和操纵性等；飞行性能包括固定翼无人机的基本飞行性能、起飞和着陆性能等。

任务 1　固定翼无人机的平衡

 知识目标

1. 了解固定翼无人机的重心、坐标轴和力矩的概念。
2. 掌握固定翼无人机的俯仰平衡、方向平衡、横向平衡的概念及影响因素。
3. 理解力矩的意义。

 任务描述

物体的平衡是指作用于物体上的所有合外力和合外力矩为零，无人机的平衡也是一样。无人机的平衡是指作用于无人机的各个外力之和为零，各力对重心所构成的力矩之和也为零。当无人机处于平衡状态时，飞行速度的大小和方向都保持不变，也不绕重心转动；反之，无人机处于不平衡状态时，飞行速度的大小和方向将发生变化，并绕重心转动，无人机的运动状态也相应改变。

本任务主要介绍固定翼无人机的重心、坐标轴和力矩等概念和固定翼无人机的平衡。

任务学习

知识点1：无人机的重心、机体坐标系和力矩

1. 重心

（1）重心的概念　无人机的重力是地球对无人机各部分吸引力的合力。无人机重力的着力点，叫作无人机的重心。重心着力点所在的位置，叫作重心位置，如图3-1所示。

无人机的重心位置与无人机的载荷有关，与无人机的飞行状态无关，当载荷及布局发生改变时，无人机的重心就会发生改变。重心的移动规律是：重心向载重增加的方向移动，向载重减小的反方向移动。比如，无人机的前部载重增加，重心就要向前移动；若前部载重减少，则重心向后移动。在飞行过程中，固定翼无人机收放起落架、载荷的移动与投放等都会改变无人机的载重，从而使无人机的重心位置发生改变。

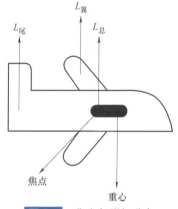

图3-1　焦点与附加升力

（2）无人机的附加升力与无人机的焦点　当无人机受到外界扰动使迎角增大时，机翼上就会产生一个附加升力 $L_{翼}$；同时水平尾翼的迎角也随之增大，水平尾翼上会产生一个向上的附加升力 $L_{尾}$；无人机机翼和尾翼产生的总附加升力 $L_{总}$ 在无人机上的着力点称为无人机的焦点，如图3-1所示。无人机的焦点通常位于无人机的重心之后。俯仰稳定性会受到重心位置的影响，焦点位于重心之后是无人机产生俯仰稳定力矩（也称安定力矩）的条件。

2. 机体坐标系

（1）坐标系　描述无人机的空间位置、运动轨迹和力矩等向量时，需要采用相应的坐标系。常用的坐标系有地面坐标系、机体坐标系、气流坐标系和航迹坐标系等。这里选用机体坐标系来研究无人机的运动规律。

无人机在空中绕着旋转轴的转动可以归纳为三种情况：机头上仰或下俯——俯仰转动；机体向左倾斜或向右倾斜——左右滚转；机头向左偏转或向右偏转——左右偏转。

无人机的转动围绕通过无人机重心的三根互相垂直的轴，组成了无人机机体坐标系，即横轴 X、纵轴 Y 和立轴 Z，如图3-2所示。

飞行中无人机姿态的改变都是绕着以上三个轴中的一个或多个转动的，无人机绕机体纵轴的转动称为滚转运动；无人机绕机体立轴的转动称为偏航运动；无人机绕机体横轴的转动，称为俯仰运动，如图3-3所示。

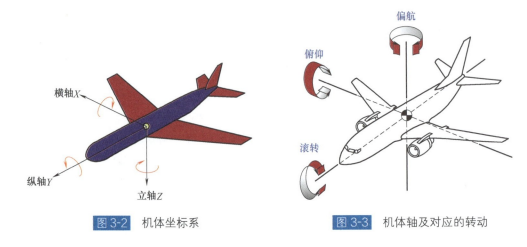

图 3-2 机体坐标系　　　　图 3-3 机体轴及对应的转动

（2）无人机空中运动的自由度　无人机沿重心移动的自由度有 3 个，即沿 X 轴、Y 轴、Z 轴的平移；机体绕重心转动的自由度也有 3 个，分别是绕 X 轴的滚转运动、绕 Y 轴的偏航运动和绕 Z 轴的俯仰运动。即无人机在空中运动的自由度有 6 个。

3. 力矩

力矩是表示力对物体作用时所产生的转动效应的物理量。力和力臂的乘积为力矩，力矩是矢量。力对某一点的力矩，等于该点到力的作用线所引垂线的长度（即力臂）乘以力的大小，其方向则垂直于垂线和力所构成的平面，用右手螺旋法则来确定。力对某一轴线力矩的大小等于力对轴上任一点的力矩在轴线上投影的分量值。国际单位制中力矩的单位是 N·m，常用的单位还有 kgf·m 等。力矩能使物体获得角加速度，并可使物体的动量矩发生改变，对同一物体来说，力矩越大，转动状态就越容易改变。

把作用在无人机上的力矩沿机体的三个坐标轴进行分解，可得到三个力矩分量，即俯仰力矩、偏航力矩和滚转力矩。

（1）俯仰力矩　俯仰力矩也称为纵向力矩，它的作用是使无人机绕横轴转动，实现抬头或低头。升降舵向上偏转将引起正的俯仰力矩，使无人机抬头；升降舵向下偏转将引起负的俯仰力矩，使无人机低头。

（2）偏航力矩　偏航力矩的作用是使无人机绕立轴做旋转运动。方向舵向左偏，将引起正的偏航力矩，使无人机向左偏转；方向舵向右偏，将引起负的偏航力矩，使无人机向右偏转。

（3）滚转力矩　滚转力矩也称为倾斜力矩，它的作用是使无人机绕纵轴做滚转运动。副翼的差动偏转改变了左、右机翼上的升力，从而产生无人机绕纵轴转动的滚转力矩。由于副翼偏转角正向定义（右副翼向下偏转，左副翼向上偏转）的缘故，副翼的正偏转角将引起负的滚转力矩，使其向左滚转。

知识点2：固定翼无人机的平衡

无人机飞行状态的变化，归根到底，都是力和力矩作用的结果。无人机的平衡、稳定性和操纵性，是阐述无人机在力和力矩的作用下，状态的保持和改变的特性。研究无人机的平衡、稳定性和操纵性问题常采用机体轴坐标系，原点位于无人机的重心。

固定翼无人机的平衡是指作用于固定翼无人机各力之和为零，各力对重心所产生的力矩之和也为零。即固定翼无人机的平衡包括作用力平衡和力矩平衡两个方面。固定翼无人机处于平衡状态时，飞行速度的大小和方向都保持不变，也不绕重心转动；反之，固定翼无人机处于不平衡状态时，飞行速度的大小和方向将发生变化，并绕重心转动。固定翼无人机能否自动保持平衡状态，是稳定性的问题。如何改变其原有的平衡状态，则是操纵性的问题。因此，研究固定翼无人机的平衡，是分析固定翼无人机稳定性和操纵性的基础，本部分主要研究力矩平衡。

1. 俯仰平衡

（1）俯仰平衡条件 固定翼无人机的俯仰平衡是指作用于无人机的各俯仰力矩之和为零，这时迎角保持不变。无人机要想取得俯仰平衡，则作用于飞机上的俯仰力矩之和必须为零。

（2）俯仰力矩 作用在无人机上的俯仰力矩，是由飞机各个部件上受到的空气动力产生的力矩以及推力对飞机重心产生的力矩共同组成的，主要有：机翼产生的俯仰力矩，水平尾翼产生的俯仰力矩，推力（或拉力）产生的俯仰力矩等。

1）机翼产生的俯仰力矩。机翼产生的俯仰力矩的大小最终只取决于重心位置、迎角和无人机构型。一般情况下机翼产生下俯力矩，也就是说，机翼的空气动力作用点（C_L）一般都在重心（C_G）之后，如图3-4所示。但当重心后移较多且迎角很大时，也可能产生上仰力矩。

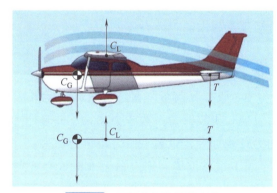

图3-4 机翼产生的俯仰力矩

2）平尾产生的俯仰力矩。在正常飞行时，水平尾翼产生负升力T，因此水平尾翼的力矩是上仰力矩（见图3-5），当迎角很大时，也可能是下俯力矩。水平尾翼产生的俯仰力矩取决于机翼迎角、升降舵偏角和流向水平尾翼的气流速度。

3）推力（或拉力）产生的俯仰力矩。螺旋桨的推力T或拉力，其作用线若不通过无人机的重心，也会形成俯仰力矩，如图3-5所示。

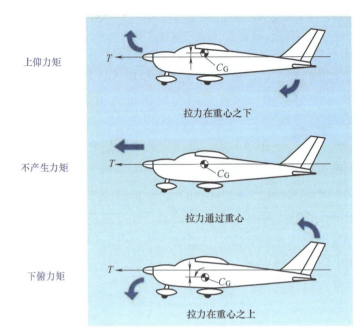

图 3-5 推力（或拉力）产生的俯仰力矩

（3）影响俯仰平衡的因素 影响俯仰平衡最重要的因素是俯仰力矩，而机翼和平尾的俯仰力矩，各等于它们所产生的升力乘以各自升力到重心的力臂。所以，凡是影响机翼和平尾升力的因素，也都是影响机翼和平尾俯仰力矩的因素。此外，固定翼无人机重心位置的前后移动，也会影响机翼和平尾俯仰力矩的大小。

（4）影响俯仰力矩的因素

1）迎角。迎角越大，机翼和平尾升力系数就会越大；升力越大，机翼和平尾俯仰力矩就会越大。

2）翼型。机翼和平尾翼型产生变化时，升力系数发生变化，俯仰力矩也会发生变化。

3）飞行马赫数。在超过临界马赫数后，飞行马赫数加大，机翼局部激波会不断向后发展，机翼升力系数就会加大，并且压力中心后移，这样就会使得升力和升力到重心的力臂都加大，机翼下俯力矩也会加大。

4）重心位置。固定翼无人机重心位置后移，机翼下俯力矩就会减小，平尾上仰力矩也会减小。但是由于重心距离平尾较远，重心后移一段较小距离，对平尾上仰力矩几乎不会产生影响，上仰力矩减小不多，而重心距离机翼压力中心很近，重心后移一段较小距离，对机翼会造成很大的力矩变化。

5）空气密度、机翼面积、飞行速度。空气密度、机翼面积、飞行速度越大，则机翼和平尾俯仰力矩越大。它们对机翼和平尾俯仰力矩的影响完全一样。

2. 方向平衡

（1）方向平衡的条件　无人机的方向平衡是指作用于无人机上的各偏转力矩之和为零，即侧滑角不变或侧滑角为零。

（2）侧滑　侧滑是指相对气流方向与无人机对称面不一致的飞行状态，如图 3-6 所示。在侧滑的过程中，气流的速度方向和无人机的纵轴线之间形成一个夹角，即侧滑角，用 β 表示。

当没有侧滑的时候，无人机沿着蓝色的航迹飞行，机头和航迹方向保持一致。当乱流造成机头左偏航时，由于没有坡度，无人机不会转弯，仍然保持着原来的

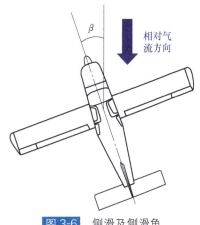

图 3-6　侧滑及侧滑角

飞行航迹，这时的相对气流变为从机头的右边吹来，这样的侧滑就叫右侧滑，如图 3-7 所示。同理，如果乱流让机头右偏航时，就造成了左侧滑。

（3）偏转力矩　无人机发生侧滑对应的偏转力矩，有两翼阻力对重心产生的偏转力矩、垂尾侧力对重心产生的偏转力矩、双发或多发飞机拉力产生的偏转力矩等，如图 3-8 所示。无人机若要取得方向平衡，则作用于无人机的各偏转力矩之和必须为零。

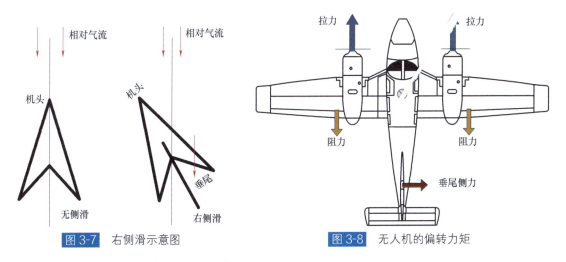

图 3-7　右侧滑示意图　　　　　图 3-8　无人机的偏转力矩

（4）影响方向平衡的主要因素

1）一侧机翼变形（或两侧机翼形状不一致），如一侧机翼的翼梢小翼掉落，或一侧机翼的襟翼放不下等，都将会导致左、右两翼阻力不相等。

2）多发动机飞机，左、右两边发动机工作状态不同，或者一侧发动机停车，从而产生不对称拉力或推力。

3）螺旋桨发动机的飞机，油门改变，螺旋桨滑流引起的垂直尾翼力矩也随之改变。

无人机的方向平衡遭到破坏时，可利用偏转方向舵产生的方向操纵力矩来平衡偏转

力矩，以保持方向平衡。

3. 横向平衡

（1）横向平衡的条件　无人机的横向平衡是指作用于无人机的各滚转力矩之和为零。无人机取得横向平衡后不绕纵轴滚转，坡度不变或坡度为零。无人机想取得横向平衡，必须是作用于无人机的各滚转力矩之和为零。

（2）滚转力矩　作用于飞机的滚转力矩主要有两翼升力对重心形成的力矩、螺旋桨旋转时的反作用力矩等组成，如图3-9所示。

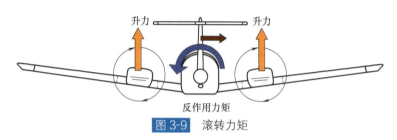

图3-9　滚转力矩

（3）影响横向平衡的因素

1）一侧机翼变形（或两侧机翼的形状不一致），两翼升力不相等。

2）螺旋桨发动机的无人机，油门改变，螺旋的反作用力矩随之改变。

3）重心左右移动（如两翼的油箱、耗油不均），两翼升力作用点至重心的力臂改变，形成滚转力矩。

无人机的横向平衡受到破坏时，可以利用偏转副翼产生的横侧操纵力矩来保持无人机的横侧平衡。

任 务 核 验

一、选择题

1. 常规布局的无人机，机翼升力对无人机重心的力矩常为使机头（　　）的力矩。

　　A. 上仰　　　　　B. 下俯　　　　　C. 偏转　　　　　D. 滚转

2. 常规布局的无人机，平尾升力对无人机重心的力矩常为使机头（　　）的力矩。

　　A. 滚转　　　　　B. 上仰　　　　　C. 下俯　　　　　D. 偏转

3. 固定翼无人机绕坐标轴的转动有（　　）。

　　A. 俯仰　　　　　B. 滚转　　　　　C. 偏航　　　　　D. 以上都是

4. 下列属于固定翼无人机运动的是（　　）。

　　A. 俯仰　　　　　B. 滚转　　　　　C. 偏航　　　　　D. 以上都是

5. 下列属于固定翼无人机俯仰力矩的是（　　）。

　　A. 机翼产生的俯仰力矩　　　　　　B. 平尾产生的俯仰力矩

  C. 拉力产生的俯仰力矩   D. 以上全是

6. 如果相对气流从左前方吹来，属于（　　）。

  A. 左侧滑   B. 右侧滑   C. 左滚转   D. 右滚转

7. 下列属于固定翼无人机方向力矩的是（　　）。

  A. 两翼阻力对重心产生的偏转力矩

  B. 垂尾侧力对重心产生的偏转力矩

  C. 双发或多发飞机拉力产生的偏转力矩

  D. 以上全是

8. （　　）是指作用于无人机的各滚转力矩之和为零，坡度不变。

  A. 俯仰平衡   B. 横向平衡   C. 方向平衡

二、完成工作页中"项目3——工作任务1　探究固定翼无人机的平衡"相关内容。

三、简答题

1. 简述常规布局飞机获得俯仰平衡的基本原理。

2. 简述什么是固定翼无人机的俯仰平衡。

3. 简述什么是固定翼无人机的方向平衡和横向平衡。

任务2　固定翼无人机的稳定性

知识目标

1. 了解固定翼无人机稳定性的概念。
2. 掌握固定翼无人机俯仰稳定性、方向稳定性、横侧稳定性的条件。

任务描述

  无人机除了能够产生足够的升力平衡重量，有足够的拉力克服阻力以及具有良好的飞行性能外，还必须具备良好的稳定性和操纵性才能在空中飞行。

在飞行过程中，固定翼无人机经常会受到各种各样的扰动（如阵风、发动机工作不均衡、舵面的偶然偏转等），使无人机偏离原来平衡状态，偏离后，无人机若能自动恢复到原来的平衡状态，则称无人机是稳定的，或称无人机具有稳定性。

无人机的稳定性是本身必须具有的一种特性，但无人机的稳定性不是一成不变的，而是随着飞行条件的改变而变化的。也就是说，在一定的飞行条件下，无人机具有足够的稳定性，而在另一些飞行条件下，无人机的稳定性可能减弱，甚至由稳定变成不稳定。同时，无人机的稳定性与操纵性有着密切的关系，要学习无人机的操纵性，就必须先懂得无人机的稳定性。

本任务主要介绍俯仰稳定性、方向稳定性、横侧稳定性。

任务学习

知识点1：俯仰稳定性

无人机的俯仰稳定性（也叫作纵向稳定性）指的是在飞行中，无人机受微小扰动以致俯仰平衡遭到破坏，在扰动消失后，无人机自动恢复原俯仰平衡状态的特性，如图3-10所示。无人机的俯仰稳定性具有保持迎角不变的特点。无人机具有俯仰稳定性，是俯仰稳定力矩和俯仰阻尼力矩共同作用的结果。

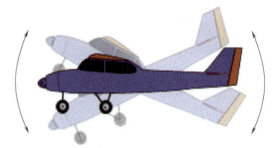

图3-10 俯仰稳定性示意图

1. 俯仰稳定力矩

（1）水平尾翼产生的俯仰稳定力矩 无人机的俯仰稳定力矩主要由水平尾翼产生。如图3-11所示，当无人机受到扰动使机翼迎角增大时，水平尾翼迎角也增大，产生向上的附加升力，对无人机重心形成下俯的稳定力矩，使无人机趋于恢复到原来的迎角。反之，当无人机受扰导致迎角减小时，

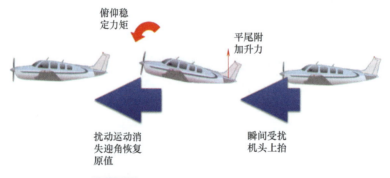

图3-11 水平尾翼产生的俯仰稳定力矩

水平尾翼产生向下的附加升力，对无人机重心形成上仰的稳定力矩，也使无人机趋于恢复到原来的迎角。

正常布局的无人机，平尾的安装角通常要比机翼的安装角小。平尾可以产生俯仰稳定力矩，趋于保持无人机的俯仰平衡。例如当机头下俯，机翼处于零升迎角时，平尾产生负升力；当机头上仰，机翼处于较大正迎角时，平尾产生正升力，如图 3-12 所示。

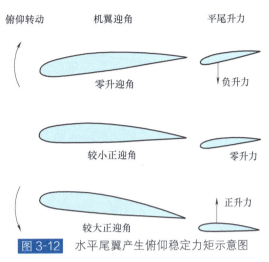

图 3-12　水平尾翼产生俯仰稳定力矩示意图

（2）焦点位置对俯仰稳定的影响　实际上，当无人机受扰迎角改变时，除水平尾翼迎角随之改变外，机身、机翼、螺旋桨等部分的迎角也随之发生改变，同样也会产生额外的升力。这些附加升力的总和就是附加升力，由于迎角改变所产生的附加升力的着力点叫作焦点，如图 3-13 所示。

在研究俯仰稳定性问题时，不应该只考虑平尾产生的附加升力的影响，应综合考虑飞机各部件的附加升力产生的力矩作用。无人机的附加升力可以为正也可以为负，一般规定迎角增大，附加升力为正；迎角减小，附加升力为负。

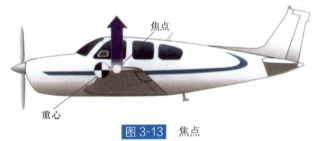

图 3-13　焦点

引入飞机焦点后，无人机的俯仰稳定性问题实际上就变成研究无人机焦点与无人机重心的位置关系问题。

1）如图 3-14a 所示，无人机焦点位于重心之后，产生俯仰稳定力矩。这是因为当飞机受扰而迎角增大时，附加升力对无人机重心形成下俯的稳定力矩，使无人机具有自动恢复原来迎角的趋势。反之，迎角减小时，产生上仰的稳定力矩。

2）如图 3-14b 所示，无人机焦点位于重心之前，无人机产生俯仰不稳定力矩。因为当无人机受扰而迎角增大时，无人机的附加升力对重心形成上仰的不稳定力矩，迫使迎角继续增大。反之，迎角减小时，俯仰不稳定力矩则迫使迎

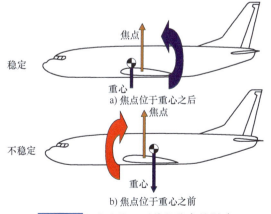

图 3-14　焦点位置对俯仰稳定的影响

角继续减小。

3）无人机焦点与重心重合，无人机附加升力产生的俯仰力矩为零，无人机既不自动恢复原来迎角，也不偏离原来迎角，这种状态叫中立不稳定。通常把焦点和重心之间的距离称为纵向静稳定度，其大小表明了无人机稳定性的强弱。

由上述分析可知，为保证无人机具有俯仰稳定力矩，其焦点必须位于重心之后。对一般飞机来说，无人机焦点位于重心之后是水平尾翼的贡献，因为水平尾翼附加升力距重心的距离远，根据平行力求合力的原理，必然使总的附加升力的作用点（即焦点）大大向后移动。

当重心位于焦点之前，静稳定时，由于种种原因，重心逐渐向后移动，静稳定性则逐渐降低。当重心移至焦点之后，无人机就丧失了静稳定性，这也是要严格限制无人机重心变化范围的原因。

2. 俯仰阻尼力矩

飞行中仅有俯仰稳定力矩，还无法保证无人机自动恢复到原来的迎角。要使无人机恢复到原来的迎角，除有俯仰稳定力矩使其具有自动恢复到原来迎角的趋势外，还要在俯仰摆动过程中出现阻尼力矩，迫使无人机的摆动逐渐减弱直至消失。俯仰阻尼力矩主要由水平尾翼产生，如图3-15所示。

无人机受扰迎角增大，此时，无人机绕着重心转动，机头上仰，水平

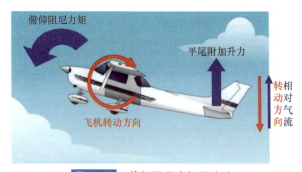

图3-15 俯仰阻尼力矩的产生

尾翼向下运动，如图3-15所示。由于平尾向下运动，会额外出现一个向上的相对气流速度，使得平尾处原来的相对气流速度大小和方向都发生变化，进而形成向上的附加升力，这个力对重心形成的力矩方向，正好与无人机的转动方向相反，阻止无人机偏离原平衡位置，所以该力矩称为俯仰阻尼力矩。俯仰阻尼力矩的大小，主要取决于无人机受扰后转动速度的大小，转动速度越大，俯仰阻尼力矩就越大，无人机的稳定性就越强。

知识点2：方向稳定性

飞行中，无人机受扰以致方向平衡状态遭到破坏，在扰动消失后，无人机自动趋向恢复原来方向平衡状态的特性叫方向稳定性，如图3-16所示。无人机的方向稳定性具有保持侧滑角不变的特性。

无人机具有方向稳定性，是方向稳定力矩和方向阻尼力矩共同作用的结果。

1. 方向稳定力矩

（1）垂尾产生的方向稳定力矩 方向稳定力矩，主要是无人机侧滑时由垂直尾翼产生的。由前面的知识已知，相对气流方向与无人机对称面不一致的飞行状态叫侧滑。如图 3-17 所示，无人机在平飞中受微小扰动，出现左侧滑时，空气从左前方吹向无人机，作用在垂直尾翼上，产生向右的空气动力，对重心形成左偏力矩，力图消除侧滑，使无人机自动趋向恢复原来的方向平衡状态。这个力矩就是方向稳定力矩。同理，无人机出现右侧滑时会产生向右的方向稳定力矩。

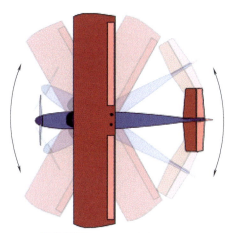

图 3-16 方向稳定性示意图

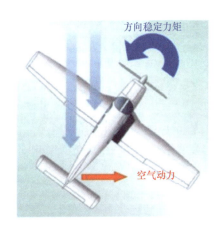
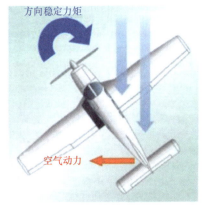

图 3-17 垂直尾翼产生的方向稳定力矩

总之，方向稳定力矩的作用就是消除侧滑，如图 3-18 所示。

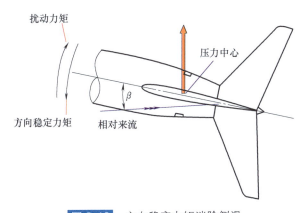

图 3-18 方向稳定力矩消除侧滑

（2）机翼上反角产生的方向稳定力矩　上反角是指机翼基准面和水平面的夹角，如图 3-19 所示。

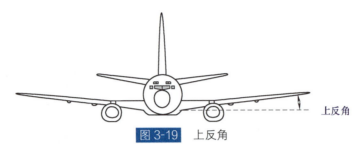

图 3-19　上反角

上反角之所以会产生方向稳定力矩，主要是因为侧滑前翼的迎角大于侧滑后翼的迎角。例如，如果无人机出现右侧滑，相对气流从右前方吹来，导致右机翼（侧滑前翼）迎角增大，阻力就更大；左机翼（侧滑后翼）的迎角减小，阻力减小，两机翼的阻力差对重心形成了方向稳定力矩，如图 3-20 所示。

（3）后掠角产生的方向稳定力矩　后掠角是指从机翼平均气动弦长连线自翼根到翼尖向后歪斜的角度，如图 3-21 所示。

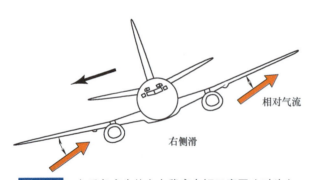

图 3-20　上反角产生的方向稳定力矩示意图（对头）

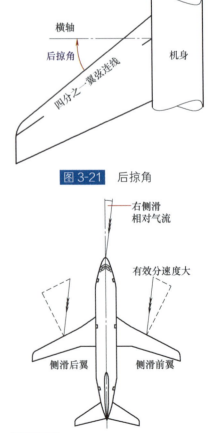

图 3-21　后掠角

后掠角之所以会产生方向稳定力矩，主要是因为无人机发生侧滑时，侧滑前翼的有效分速度大于侧滑后翼的有效分速度。因为只有垂直于机翼前缘的速度才能产生气动力，我们称其为有效分速度，如图 3-22 所示。

对于后掠翼，假如飞机出现右侧滑，根据速度的矢量关系，侧滑前翼的有效分速度大于侧滑后翼的有效分速度，导致侧滑前翼的阻力比侧滑后翼的阻力大，两翼的阻力差对重心形成了方向稳定力矩。

（4）机身、背鳍和腹鳍产生的方向稳定力矩　机身、背鳍和腹鳍也可以产生方向稳定力矩，

图 3-22　后掠翼产生的方向稳定力矩

相当于增大了垂直尾翼的面积，增强了方向稳定性。

2. 方向阻尼力矩

无人机出现方向稳定力矩，只能使无人机有自动恢复原方向平衡的趋势，因此无人机还必须在机头摆动过程中产生方向阻尼力矩，才能使无人机方向摆动逐渐减弱，并最终消失。方向阻尼力矩主要由垂直尾翼产生，如图 3-23 所示。

无人机受扰机头右偏，无人机绕着重心顺时针转动（俯视图）。此时垂尾向左运动，会额外出现一个向右的相对气流速度，使得垂尾处原来的相对气流速度大小和方向都发生变化，进而形成向右的侧力，即垂尾侧力。这个力对重心形成的力矩方向（逆时针方向）正好与无人机的转动方向相反，该力矩可阻止无人机偏离原平衡位置更远，所以又称为方向阻尼力矩。

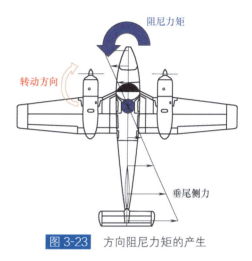

图 3-23　方向阻尼力矩的产生

方向阻尼力矩的大小，主要取决于无人机受扰后转动速度的大小。转动速度越大，方向阻尼力矩就越大，无人机的稳定性就越强。

知识点 3：横侧稳定性

无人机在飞行中受扰以致横侧平衡状态遭到破坏，在扰动消失后，无人机自动趋向恢复原来横侧平衡状态的特性叫作横侧稳定性，如图 3-24 所示。无人机的横侧稳定性具有保持坡度或滚转角速度不变的特点。

无人机具有横侧稳定性，是无人机横侧稳定力矩和横侧阻尼力矩共同作用的结果。

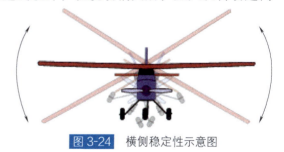

图 3-24　横侧稳定性示意图

1. 横侧稳定力矩

无人机的横侧稳定力矩，主要由侧滑中机翼的上反角和机翼的后掠角产生。

（1）侧滑与坡度的关系　如果无人机受扰出现坡度，则一定会出现侧滑。例如，无人机受扰出现左坡度，升力向左倾斜，此时，升力与重力的合力形成向左的侧力，使无人机向左侧移动，出现左侧滑。

如果无人机受扰出现侧滑，在不给予任何操纵的情况下，无人机一定会出现坡度。

（2）上反角产生的横侧稳定力矩　上反角产生方向稳定力矩的原因是侧滑前翼的迎角大，阻力大，侧滑后翼的迎角小，阻力小，两翼的阻力差对重心形成了方向稳定力矩。横侧稳定力矩产生的原因与其类似。

无人机在平飞时，受微弱扰动而带右坡度，无人机会出现右侧滑。上反角会使得侧滑前翼（右机翼）的迎角大，升力大，侧滑后翼（左机翼）的迎角小，升力小，此时两翼的升力差对重心的力矩使得无人机向左滚转，力图消除右坡度，使无人机具有自动恢复到原来横侧平衡状态的趋势，这个力矩就是横侧稳定力矩，如图3-25所示。

（3）后掠角产生横侧稳定力矩　机翼的后掠角也将使无人机产生横侧稳定力矩，其原理与后掠翼产生方向稳定力矩类似。

无人机在平飞时，如受微弱扰动而带右坡度，无人机会出现右侧滑。后掠角会使得侧滑前翼（右机翼）的有效分速度大，升力大，侧滑后翼（左机翼）的有效分速度小，升力小，此时两翼的升力差对重心的力矩使得无人机向左滚转，力图消除右坡度，从而消除侧滑，使无人机具有自动恢复到原来横侧平衡状态的趋势，这个力矩就是横侧稳定力矩，如图3-26所示。

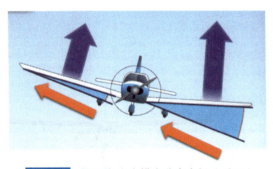

图3-25　上反角产生横向稳定力矩（对尾）

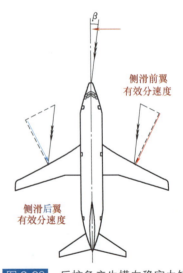

图3-26　后掠角产生横向稳定力矩

2. 横侧阻尼力矩的产生

无人机的横侧阻尼力矩主要由机翼产生。如图3-27所示的是无人机的前视图，当无人机向右滚转时，右翼下沉，在右翼上引起向上的相对气流速度，而使迎角增大、产生正的附加升力（在临界迎角范围内）；左翼上扬，在左翼上引起向下的相对气流速度，而使迎角减小，产生负的附加升力。左、右机翼升力之差，形成向左的横侧阻尼力矩，阻止无人机向右滚转。同理，无人机向左滚转，产生向右的横侧阻尼力矩。横侧阻尼力矩的大小主要取决于无人机受扰后转动速度的大小，转动速度越大，横侧阻尼力矩就越大，无人机的稳定性就越强。

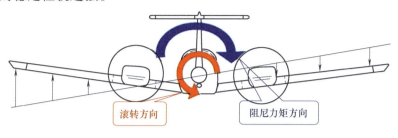

图 3-27　横侧阻尼力矩的产生

知识点 4：方向稳定性和横侧稳定性的关系

无人机的方向稳定性与横侧稳定性是相互联系且不能单独存在的，也就是说它们是相互耦合的。

由前面分析可知，飞行中，无人机若无侧滑，则既不会产生方向稳定力矩，也不会产生横侧稳定力矩。如果无人机有侧滑，除产生向侧滑一边偏转的方向稳定力矩外，同时还要产生向侧滑反方向滚转的横侧稳定力矩。比如，无人机受扰出现左侧滑时，无人机除产生方向稳定力矩，使机头左偏外，还会产生横侧稳定力矩，使无人机向右滚转。又如，无人机受扰向左倾斜时，无人机就要出现左侧滑，除产生横侧稳定力矩，使无人机向右滚转，消除倾斜，同时产生方向稳定力矩，使无人机向左偏转，消除侧滑。

由此可见，无人机的方向稳定性和横侧稳定性是彼此相互联系、相互耦合的。无人机的方向稳定性和横侧稳定性的总和，叫侧向稳定性。要使无人机具有横向稳定性，除必须使无人机具有方向稳定性和横侧稳定性外，还必须使无人机的方向稳定性和横侧稳定性之间有一定的关系。也就是说，只有无人机的方向稳定性和横侧稳定性配合恰当，才能保证飞机具有横向稳定性，否则，无人机将不具有侧向稳定性，出现飘摆或螺旋下降等现象。

任 务 核 验

一、选择题

1．重心靠前，飞机的俯仰稳定性（　　）。
　　A．不受影响　　　　B．减弱　　　　C．变强　　　　D．视情况而定
2．具有正静稳定性的无人机，当受到扰动使平衡状态变化后，有（　　）。
　　A．回到原平衡状态的趋势　　　　B．继续偏离原平衡状态的趋势
　　C．保持偏离后的平衡状态　　　　D．不一定
3．飞机的俯仰稳定性主要由（　　）来实现。
　　A．平尾　　　　B．机翼　　　　C．垂尾　　　　D．螺旋桨

4. 为了保证飞机具有俯仰静稳定性，飞机的焦点必须位于无人机的重心（　　）。
   A. 之前　　　　B. 之后　　　　C. 不定　　　　D. 视情况而定
5. 影响固定翼无人机横向稳定性的因素有（　　）。
   A. 机翼上反角　　B. 机翼后掠角　　C. 重心位置　　D. 以上都是
6. 无人机在空中飞行时，如果处于平衡状态，那么（　　）。
   A. 作用在无人机上的所有外力平衡，所有外力矩也平衡
   B. 作用在无人机上的所有外力不平衡，所有外力矩平衡
   C. 作用在无人机上的所有外力平衡，所有外力矩不平衡
7. 影响无人机方向稳定力矩的因素主要是（　　）。
   A. 重心位置和飞行马赫数
   B. 焦点位置和飞行高度
   C. 迎角、机身和垂尾面积
8. 无人机的横向稳定性是指无人机绕下列哪个轴线的稳定性？（　　）
   A. 横轴　　　　B. 纵轴　　　　C. 偏航轴

二、完成工作页中"项目3——工作任务2　探究固定翼无人机的稳定性"相关内容。

三、简答题
1. 简述什么是固定翼无人机的俯仰稳定性。

2. 简述什么是固定翼无人机的方向稳定性。

3. 简述什么是固定翼无人机的横侧稳定性。

任务3　固定翼无人机的操纵性

知识目标

1. 了解固定翼无人机的俯仰操纵性。
2. 了解固定翼无人机的方向操纵性和横侧操纵性。
3. 掌握影响固定翼无人机操纵性的因素。

人机的操纵性下降；相反无人机的纵向稳定性越小，迎角改变引起的稳定力矩越小，操纵无人机所需的杆位移和升降舵的偏转角越小，无人机的操纵性提高，但难以精确操纵无人机。

4. 迎角与速度的关系

在平飞中，固定翼无人机的升力与重力必须相等，所以随着飞行速度的改变，需要相应地改变迎角以保持升力不变。飞行速度减慢，升力随之减小，为保持平飞，必须相应地增大迎角，以增大升力来保持与重力相等；飞行速度加快，升力随之增大，为保持平飞，必须相应地减小迎角，以减小升力来保持与重力相等。可见，一个平飞速度对应一个迎角。

同理可知，平飞中，小速度时，升降舵上偏；随着速度增加，升降舵减小上偏角；大速度时，升降舵下偏，如图 3-31 所示。

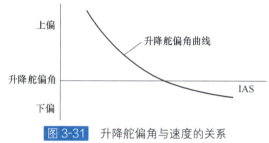

图 3-31　升降舵偏角与速度的关系

知识点 2：方向操纵性

1. 方向操纵性概念

无人机的方向操纵性是指固定翼无人机按照自动驾驶仪操纵指令偏转方向舵后，固定翼无人机绕立轴转动而改变其侧滑角等飞行状态的特性，如图 3-32 所示。

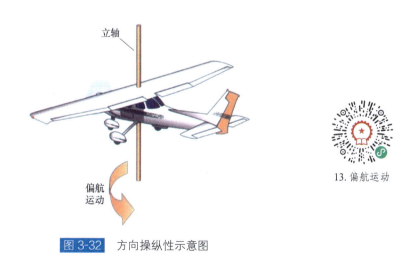

图 3-32　方向操纵性示意图

13. 偏航运动

2. 方向操纵性原理

固定翼无人机的方向操纵可通过方向舵的偏转实现。

通过操纵使固定翼无人机尾翼上的方向舵向右偏转，垂直尾翼上产生向左的附加气动力，附加气动力对无人机重心产生的力矩打破了原有的方向平衡，使无人机机头向右偏转。机头右偏，产生左侧滑，由左侧滑引起的方向稳定力矩有使无人机机头左偏的趋势。开始时由于操纵力矩大于方向稳定力矩，无人机机头继续左偏，随着侧滑角的增加，方向稳定力矩增加，当方向稳定力矩和操纵力矩相等时，无人机稳定在一个新的较大的侧滑角上，如图 3-33 所示。可见，在不带滚转的直线飞行中，每一个方向舵偏转位置对应着一个侧滑角。方向舵右偏，无人机产生左侧滑。方向舵左偏，无人机产生右侧滑。

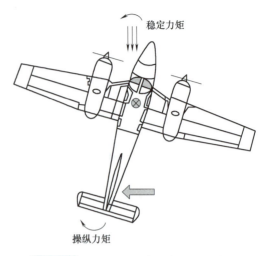

图 3-33 无人机方向操纵性原理示意图

知识点 3：横向操纵性

1. 横向操纵性概念

固定翼无人机按照自动驾驶仪操纵指令偏转副翼，使无人机绕纵轴转动而改变其滚转角速度、坡度等飞行状态的特性，如图 3-34 所示。

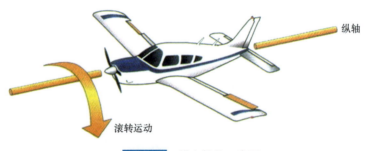

图 3-34 横向操纵示意图

2. 横向操纵原理

固定翼无人机的横向操纵性，主要通过副翼的差动偏转实现，这里主要讨论飞行中不带侧滑的横向操纵原理，如图 3-35 所示。

向右压杆，右副翼上偏、左副翼下偏，下偏侧机翼上的升力增加，上偏侧机翼上的升力减小，两侧副翼上的升力差会打破原有横向平衡，使无人机开始向右滚转。向右滚转过程中会产生滚转阻尼力矩，制止无人机滚转。由于滚转中，无人机不带侧滑，因此没有横向稳定力矩，滚转角速度的变化只取决于横向操纵力矩和阻尼力矩。开始时，横

图 3-35　横向操纵原理示意图

向操纵力矩大于阻尼力矩，滚转角速度逐渐增大。随着滚转角速度的增大，阻尼力矩逐渐增大。当横向操纵力矩等于阻尼力矩时，无人机保持一定的角速度滚转。偏转副翼越多，等速滚转的角速度也越大。

如果无人机要保持一定的坡度飞行，就应该在固定翼无人机滚转到达预定坡度以前使副翼回到中立位置，这样横向操纵力矩消失。在横向阻尼力矩作用下，固定翼无人机绕纵轴的滚转角速度迅速减小，在到达预定坡度时，滚转角速度减小为零，固定翼无人机即可保持一定坡度飞行。

知识点 4：影响操纵性的因素

固定翼无人机的操纵性不是一成不变的，它要受到许多因素的制约。影响固定翼无人机操纵性的因素有重心位置的前后移动、飞行的速度、飞行高度、迎角等。

（1）重心位置前后移动对操纵性的影响　重心位置的前后移动，会引起平飞中升降舵偏转角和杆力发生变化。重心前移，俯仰稳定性增强，导致固定翼无人机杆位移和杆力增大，俯仰操纵性变差；重心后移，导致杆位移和杆力减小，俯仰操纵性变好，而稳定性变差。

为了保证固定翼无人机足够的稳定性和良好的操纵性，必须对其重心的变化范围加以限制。固定翼无人机重心的变化范围用重心前限和重心后限来确定。

1）重心前限。指允许固定翼无人机重心最靠前的位置。重心前移，重心到焦点的距离增加，俯仰稳定力矩增大，俯仰稳定性增强，使改变固定翼无人机原来飞行状态所需要的操纵力矩增大，从而导致操纵固定翼无人机所需要的舵偏角和驾驶杆力增大，固定翼无人机反应过于迟钝，操纵性变差。对于直线飞行，每一个舵偏角对应一个迎角，如果其重心过于靠前，则增大同样的迎角，机翼产生的低头力矩过大，所要求的舵面偏转角增大，有可能超出设计的允许值。

2）重心后限。指固定翼无人机重心最靠后的位置。其重心位置后移，固定翼无人机俯仰稳定性变差。由于固定翼无人机所产生的俯仰稳定力矩很小，使改变原飞行状态所需的俯仰操纵力矩减小，所需要的舵偏角和驾驶杆力减小。操作人员稍微改变舵量，固定翼无人机的迎角和升力就会变化很多，固定翼无人机对操纵的反应过于灵敏，操作人员不易掌握操纵分寸，难以对其进行精确的操纵，一旦重心后移到焦点之后，固定翼无人机会失去俯仰稳定性，将呈现动不稳定性。为保证固定翼无人机具有一定的俯仰稳定性和操纵灵敏度，对其重心最靠后的位置进行了限制。重心后限应在焦点之前，留有一定安全余量。

所以为了保证固定翼无人机具有合适的稳定性和操纵性，其重心位置不应超过前限和后限，而应在前、后限规定的范围内。

固定翼无人机重心位置的左右移动也有严格的限制，以保证它的横向操纵性。例如固定翼无人机重心位置偏右，相当于增加了一个向右的滚转力矩，要保持横向平衡，操控人员要经常向左压副翼。操控人员的工作负荷增大，而且操纵杆向左活动的行程减小，限制了左滚转的能力。因此，固定翼无人机重心左右移动的范围，同样有严格的限制。

（2）飞行速度对操纵性的影响　在俯仰和方向操纵性方面，以杆、舵行程相同情况下作比较。在飞行速度比较大的情况下，同样大的舵偏角，产生的操纵力矩大，角速度自然也大。因此，固定翼无人机达到与此舵偏角相对应的平衡迎角或侧滑角所需的时间就比较短。在横向操纵性方面，如果副翼转角相同，则飞行速度大，横向操纵力矩大，角速度也大；于是，固定翼无人机达到相同坡度的时间短。总之，飞行速度小，固定翼无人机反应慢，操纵性差；飞行速度大，固定翼无人机反应快，操纵性好。

（3）飞行高度对操纵性的影响　如果在不同的高度保持平飞，则因高度升高、动压减小，各平飞真速（真实空速）所对应的迎角普遍增大。操作人员为保持杆、舵在一定位置所需的力量减轻。另外，若保持同一真速在不同高度飞行，高度升高，空气密度降低，舵面偏转同样角度，高空产生的操纵力矩小，角加速度随之减小，固定翼无人机达到对应的迎角、侧滑角或坡度所需的时间变长，也就是说固定翼无人机反应变慢。总之，高空飞行有杆、舵变轻，反应迟缓的现象。

（4）迎角对横向操纵性的影响　迎角增大，特别是在大迎角时横向操纵性变差，甚至出现横向反操纵现象。例如，操控人员向左压副翼，无人机向左滚转，产生左侧滑，出现横向稳定力矩，试图阻止左滚；同时，因为右副翼下偏，左副翼上偏，右侧机翼阻力大于左侧机翼阻力致左侧滑进一步加剧，无人机右滚的横向稳定力矩加大，进一步制止无人机向左滚转，从而削弱副翼作用。

任 务 核 验

一、选择题

1. 仅偏转副翼使飞机水平左转弯时，出现（　　）。
   A. 右侧滑　　　　　　B. 左侧滑　　　　　　C. 无侧滑

2. 舵面遥控状态时，平飞中向右稍压副翼杆量，无人机（　　）。
   A. 右翼升力大于左翼升力
   B. 左翼升力大于右翼升力
   C. 左翼升力等于右翼升力

3. 当飞机受微小扰动而偏离原来纵向平衡状态（俯仰方向）时，并在扰动消失以后，飞机能自动恢复到原来纵向平衡状态的特性，叫作飞机的纵向稳定性。下列说法错误的是（　　）。
   A. 当飞机受扰动而机头下俯时，机翼和水平尾翼的迎角减小，会产生向上的附加升力
   B. 飞机的重心位于焦点之后，飞机则是纵向不稳定的
   C. 当重心位置后移时，将削弱飞机的纵向稳定性

4. 飞机转弯时，坡度有继续增大的倾向，原因是（　　）。
   A. 转弯外侧阻力比内侧的小　　　　　B. 转弯外侧升力比内侧的大
   C. 转弯外侧阻力比内侧的大

5. 飞机转弯的向心力是（　　）。
   A. 飞机升力的水平分力　　　　　　　B. 方向舵上产生的气动力
   C. 飞机的拉力

6. 飞机上升时，其迎角（　　）。
   A. 小于零　　　　　　B. 等于零　　　　　　C. 大于零

7. 具有后掠角的飞机有侧滑角时，会产生（　　）。
   A. 俯仰力矩　　　　　B. 不产生任何力矩　　　C. 滚转力矩

8. 舵面遥控状态时，平飞中向前稍推升降舵的量，飞行器的迎角（　　）。
   A. 增大　　　　　　　B. 减小　　　　　　　C. 先减小后增大

二、完成工作页中"项目3——工作任务3　探究固定翼无人机的操纵性"相关内容。

三、简答题

1. 简述什么是固定翼无人机的俯仰操纵性。

2. 简述什么是固定翼无人机的方向操纵性和横侧操纵性。

3. 简述影响固定翼无人机操纵性的因素。

任务 4　固定翼无人机的基本飞行性能

知识目标

1. 了解无人机的基本飞行性能。
2. 掌握固定翼无人机的平飞性能。
3. 掌握固定翼无人机的爬升性能。

任务描述

研究固定翼无人机的平衡性、稳定性和操纵性就是研究力矩的平衡问题，若作用在飞机上的力矩是平衡的，则表明固定翼无人机的姿态保持不变。本任务将结合固定翼无人机常见的几种基本飞行状态，研究作用于固定翼无人机上力的平衡问题，若作用在固定翼无人机上的力是平衡的，则表明固定翼无人机保持稳定的飞行状态。在研究力的平衡问题时，假定固定翼无人机已经是力矩平衡的。

完成一次飞行任务，固定翼无人机需要经历起飞、上升、平飞（巡航）、下降、着陆、转弯（盘旋）等环节。这些飞行状态是完成一次飞行任务必须经历的基本飞行状态。固定翼无人机的平飞、上升、下降指的是固定翼无人机既不带倾斜也不带侧滑的等速直线飞行。固定翼无人机的盘旋是指不带侧滑，飞行高度、速度、盘旋半径等参数均不随时间改变，是固定翼无人机在水平面内的一种机动匀速曲线飞行。固定翼无人机的起飞和着陆是变速运动。

固定翼无人机的基本飞行性能，是指在垂直平面内作定常直线运动的性能。这里的定常直线运动，就是速度的大小和方向都不变的运动。基本飞行性能的指标包括：平飞最大速度、平飞最小速度、最大上升率、升限等，它们是决定飞机技术性能的基础。其中前两项反映飞机定常直线平飞的性能，简称平飞性能，后两项反映飞机定常直线爬升的性能，简称爬升性能。

本任务从固定翼无人机处于不同飞行状态所受的作用力出发，分析其基本飞行性能，并讨论飞行条件对这些性能的影响。

任务学习

知识点1：平飞性能

平飞是指无人机做等高、等速的直线飞行，平飞是一种最基本的飞行状态。

1. 平飞时的受力分析

固定翼无人机保持平飞，就是保持飞行高度和速度不变的直线飞行。固定翼无人机能否保持平飞，主要取决于固定翼无人机的各力和力矩能否平衡。平飞时，无人机所受的力有：升力 L、阻力 D、推力（拉力）P 和重力 G，如图3-36所示。

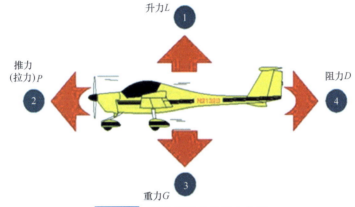

图3-36　固定翼无人机受力分析

直接引起飞行高度发生变化的是升力和重力，直接引起飞行速度发生变化的是推力和阻力。为了保持飞行速度不变，就需要推力与阻力平衡，为了保持飞行高度不变，就需要升力与重力平衡。这两个条件都是保持等速平飞不可或缺的条件。即

$$L=G（保持平飞高度）$$
$$P=D（保持平飞速度）$$

为保持上述各力矩平衡，四个力绕重心的力矩也需取得平衡。如果各力矩不平衡，各力的平衡关系也就无法保持。

若无人机作定常直线平飞，其动力学方程就是力平衡方程，可以简化为：水平方向上发动机推力 P 等于气动阻力 D，在垂直方向上，气动升力 L 等于飞机重力 G。平飞性能指标就是利用这个方程得到的。这个方程看似简单，但求解起来并不简单，重力 G 可认为是常数，而发动机推力 P 是速度、高度、油门位置的函数，气动升力 L 和阻力 D 是速度、高度、迎角的函数，并且它们之间的函数关系并没有明确的解析表达式，在飞行手册上通常是以曲线或图表的形式给出的。因此，方程得不到解析解，这里给大家介绍一种确定无人机基本性能的工程算法——简单推力法。

简单推力法是以无人机平飞所需推力曲线和发动机可用推力曲线为基础,根据无人机等速直线运动方程的近似式来确定无人机基本性能的一种工程算法。这里涉及两个推力概念:一个是平飞所需推力,另一个是发动机可用推力。

2. 平飞所需推力

平飞中为使飞行速度保持不变必须使发动机推力等于飞行阻力,即平飞所需推力就是平飞时为克服飞行阻力所需的发动机推力,记为 P_r,数值上就等于气动阻力。给定高度下的平飞所需推力曲线可以这样得到:

第一步,查得给定高度上的空气密度、气压等参数;

第二步,对于给定的速度,由重力等于升力得到升力系数 C_y;

第三步,由 C_y 从飞机手册上查得阻力系数 C_x;

第四步,算得平飞所需推力 P_r;

第五步,改变速度,可以计算出一系列的平飞所需推力 P_r,将它们连成一条线就是给定高度上的平飞所需推力曲线。如图 3-37 所示为 10000m 高度不同速度平飞所需推力曲线。

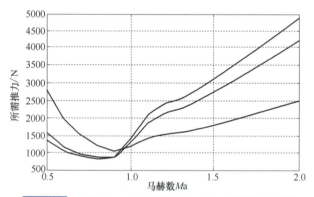

图 3-37 10000m 高度不同速度下平飞所需推力曲线

1)在一定的高度上,P_r 随平飞速度的增大呈先减小后增大的趋势,在某一速度下达到最小值。原因是:在速度较小时,平飞迎角很大,诱导阻力是构成平飞所需推力的主要成分。这时随着平飞速度的增大,迎角减小,升力系数减小,诱导阻力也随之减小,从而使 P_r 随速度的增大而减小。但是当平飞速度增加到一定值之后,零升阻力逐渐成为平飞所需推力的主要成分,零升阻力包括摩擦阻力、压差阻力、干扰阻力、激波阻力等,平飞速度越大,零升阻力就越大,从而引起 P_r 随之增大。

2)如图 3-38 所示,给出了不同飞行高度时,可以得到一系列的平飞所需推力曲线,可以看出随着高度升高,P_r 曲线将变得越来越平缓。原因是高度升高,大气压力下降,零升阻力会明显下降。

3. 发动机可用推力

发动机可用推力,是指安装在无人机上的发动机实际提供给无人机用于飞行的推力。发动机可用推力同样随飞行速度、高度而变化，同时与油门大小有关，飞机手册上通常以曲线的形式给出，如图 3-39 所示为某发动机最大状态推力的速度、高度特性。

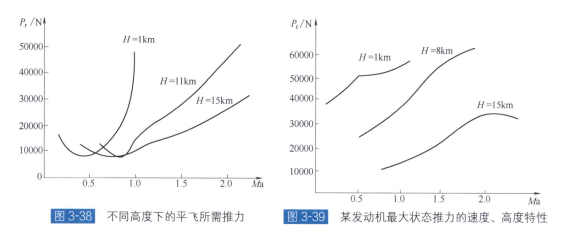

图 3-38　不同高度下的平飞所需推力　　图 3-39　某发动机最大状态推力的速度、高度特性

把平飞所需推力曲线和发动机可用推力曲线画在一张图中，就是简单推力法的基础，我们称之为推力曲线图，如图 3-40 所示。

4. 平飞最大速度

平飞最大速度是指在给定飞行高度上，发动机满油门状态，无人机所能获得的最大平飞速度。无人机以此速度飞行时，平飞所需推力与发动机可用推力相等。同一高度的平飞所需推力曲线和发动机可用推力曲线，它们的右交点对应的速度就是这个高度上的平飞最大速度，如图 3-41 所示。再大于此速度，发动机的推力就不足以克服气动阻力，小于此速度，发动机的推力还有富余。

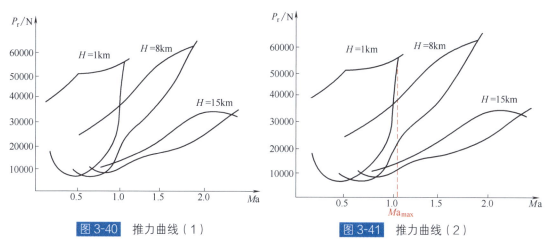

图 3-40　推力曲线（1）　　图 3-41　推力曲线（2）

不同高度上的平飞最大速度是不同的。从推力曲线图上可以找出各飞行高度上的平飞最大速度，从而做出平飞最大速度随飞行高度变化的曲线。可以看出，理论上的平飞最大速度主要是受到发动机推力的限制。

5. 平飞最小速度

平飞最小速度，可由同一高度的平飞所需推力曲线和发动机可用推力曲线的左交点来确定，如图 3-42 所示。从推力曲线图上可以看出，高度较高时这个左交点是存在的，但高度较低时发动机推力很大，推力曲线图没有左交点。

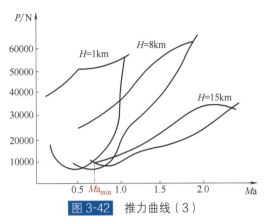

图 3-42　推力曲线（3）

在低空飞行时速度不能是无限小的，由平飞时重力等于升力的公式可知，速度越小迎角越大，但迎角不可以一直增大的，超过了临界迎角飞机就会失速，造成飞行事故。因此为了飞行安全，飞机有一个最大允许升力系数 C_{ymax}，由此可得到一个平飞最小速度 v_{min}，把这个最小速度和推力曲线图左交点对应的最小速度做比较，取较大者为对应高度下飞机平飞最小速度。可见，平飞最小速度在低空主要受失速的限制，在高空主要受发动机推力的限制。

平飞最大速度和平飞最小速度界定了飞机在给定高度上平飞的速度范围，是最基本的飞行性能指标。

知识点 2：爬升（上升）性能

固定翼无人机做等速向上的直线运动称为上升。上升是固定翼无人机取得高度的基本方法。在飞行或执行任务中，为了取得高度优势就需要上升。固定翼无人机的上升角有大有小，上升角是固定翼无人机上升的飞行路线与水平线之间的夹角。

在上升过程中，作用于固定翼无人机的力与平飞相同，有升力 L、阻力 D、推力 P 和重力 G，如图 3-43 所示。

固定翼无人机上升时，重力不垂直于运动方向，重力可以分解成两个分力：一个分力垂直于固定翼无人机的运动方向（G_1），一个分力平行于固定无人机的运动方向（G_2）。平行于运动方向的重力分力和空气阻力一起阻碍

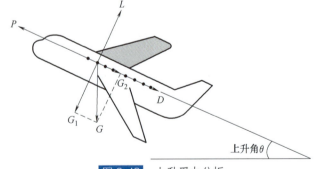

图 3-43　上升受力分析

着固定翼无人机前进。为了保持固定翼无人机速度不变，要求推力（拉力）P 与阻力 D 和重力第二分力 G_2 之和相等；为了保持固定翼无人机沿倾斜直线飞行，要保持上升角不变，要求升力 L 与重力第一分力 G_1 相等。所以，固定翼无人机保持上升的条件如下

$$P=G_2+D\text{（保持等速）}$$
$$L=G_1\text{（保持直线）}$$

固定翼无人机上升的速度和高度，取决于固定翼无人机上升性能的好坏。固定翼无人机上升的快慢是指在单位时间内所能增加的高度，通常用"上升率v_y"表示，单位是（m/s 或 m/mim）。

1. 上升角

上升角越大，代表经过同样的水平距离上升的高度越高。

2. 上升率

上升率v_y是指固定翼无人机（或无人直升机、多旋翼无人机）在单位时间内上升的垂直距离。上升率越大，代表无人机上升越快，能迅速取得高度优势。通常用最大上升率来表示无人机的上升性能。

3. 升限

（1）理论升限　固定翼无人机的飞行高度越高，其可用推力越小，剩余推力越小，所以上升率也越小。固定翼无人机上升到某一高度时，由于剩余推力没有了，上升率势必减小到零。此时，固定翼无人机不可能再继续上升。上升率为零时对应的高度叫作理论上升限度，简称理论升限。理论升限是指固定翼无人机在给定的重量和发动机在最大油门状态下稳定上升，上升率减小到零时的飞行高度。

（2）实用升限　实用升限是指固定翼无人机稳定上升，最大上升率减小到某一数值时的飞行高度。

（3）动升限　动升限是指固定翼无人机在保证不失去稳定性和操纵性的条件下，从稍低于静升限的某高度，以最大速度进入跃升所能达到的最大飞行高度。动升限高于静升限。

4. 影响上升性能的因素

影响上升性能的主要因素有大气温度和维护质量。即：

1）有时操控人员会感觉固定翼无人机爬不到升限高度，这种现象就是由于气温变化造成的。随着气温的升高，固定翼无人机的上升率和升限都要降低。这是因为气温增高以后，空气密度降低，同时动力系统增压比减小，动力系统可用推力下降。

2）固定翼无人机维护质量的好坏，直接影响到其上升性能的好坏。固定翼无人机维护得不好，阻力就会增加，保持同一速度飞行所需要的推力就要增加；动力系统维护得不好，可用推力就会降低，剩余推力减小，从而引起最大上升率和上升限度降低。

知识点 3：下降（下滑）性能

固定翼无人机沿小角度向下的轨迹所做的等速直线飞行称为下滑。下滑通常是指等速的稳定下滑，也指下滑着陆中的减速下滑。固定翼无人机着陆前，都要经过一段下滑飞行，目的是逐渐降低高度接近地面。下滑是固定翼无人机降低高度的基本方法。

1. 下滑的条件

下滑时，推力（拉力）很小，可近似认为推力等于零。下滑时，作用在固定翼无人机的力有升力、阻力和重力，如图 3-44 所示。重力可分解为沿下滑方向的分力 G_2 和垂直于固定翼无人机的下滑方向并与升力方向相反的分力

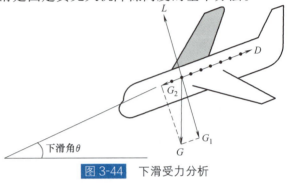

图 3-44　下滑受力分析

G_1。为了保持等速飞行，重力第二分力 G_2 应与阻力 D 相等；为了保持直线飞行，升力 L 应与重力第一分力 G_1 相等。

表达式为

$$D=G_2 \text{（保持下滑速度）}$$
$$L=G_1 \text{（保持直线运动）}$$

2. 下滑性能

固定翼无人机的下滑性能主要包括最小下滑角和最大下滑距离。

（1）下滑角与升阻比　下滑飞行路线与水平线之间的夹角称为下滑角，用 θ 表示。

从下滑中力的平衡关系可以看出，既然升力和阻力分别与重力的分力 G_1 和 G_2 相等，那么，升力与阻力之比（即升阻比），也就是重力的分力 G_1 与 G_2 之比。

升阻比越大，重力的分力 G_1 与 G_2 之比也越大，这时的下滑角就越小。由此可见，升阻比与下滑角 θ 成反比，即升阻比越大，下滑角就越小。下滑时，用有利迎角下滑，升阻比最大，下滑角最小。

（2）下滑距离　固定翼无人机从一定高度开始下滑，降到某一高度所经过的水平距离称为下滑距离，用 $L_{下滑}$ 表示。若下滑角相同，下滑高度越多，则下滑距离越长；若下滑高度相同，下滑角越小，则下滑距离越长，如图 3-45 所示。下滑角的大小

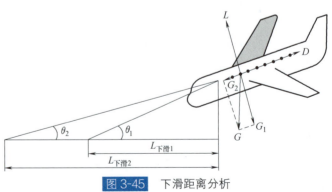

图 3-45　下滑距离分析

是由升阻比所决定的。升阻比越大，下滑角越小。可以得出，下滑高度和升阻比是由下滑距离的长短决定的。以有利迎角下滑，升阻比最大，下滑角最小，故下滑距离最长。放置襟翼和起落架后，升阻比减小，下滑距离缩短。

3. 滑翔

固定翼无人机在动力停止后（无动力）靠自身重力的下滑飞行，称为滑翔，如图 3-46 所示。固定翼无人机无动力后，下滑角增大，下滑距离比稳定下滑的距离长。

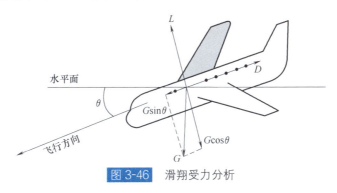

图 3-46　滑翔受力分析

4. 俯冲

俯冲是固定翼无人机沿着较陡的倾斜轨迹做加速直线下降的飞行。俯冲的飞行轨迹与地面的夹角称为俯冲角，通常为 30°～90°。固定翼无人机以稍小于 30°的俯冲角对地面、水面目标的攻击，也称为俯冲，如图 3-47 所示。

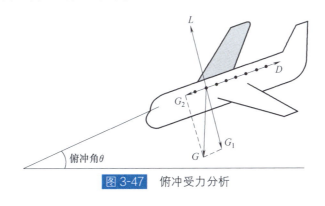

图 3-47　俯冲受力分析

一、选择题

1. 在等速的平直飞行中，作用于飞机上的四个力的关系是（　　）。
   A. 升力等于阻力，推力等于重力　　B. 升力等于推力，阻力等于重力
   C. 升力等于重力，推力等于阻力　　D. 升力等于重力，推力略大于阻力

2. 最佳爬升角速度（v_x）一般在（　　）使用。
   A. 起飞越障后　　　　　　　　B. 起飞越障中
   C. 巡航上升　　　　　　　　　D. 进近中

3. 在燃油一定和风速不变的情况下，当飞机在逆风中飞行时，为了增大平飞航程，应该（　　）。
   A. 减小空速　　　　　　　　　B. 增大空速
   C. 保持空速不变　　　　　　　D. 以上均可

4. 起飞后为了尽快到达某一指定的高度层，应该采用的爬升方式是（　　）。
   A. 最大爬升率　　　　　　　　B. 最大爬升角
   C. 最大爬升速度　　　　　　　D. 最大升力系数方式

5. 操纵副翼时，飞机将绕（　　）。
   A. 立轴偏转运动　　　　　　　B. 纵轴滚转运动
   C. 横轴俯仰运动　　　　　　　D. 立轴滚转运动

6. 当无人机作水平等速直线飞行时，升力的大小等于（　　）。
   A. 作用在飞机上的阻力　　　　B. 重力
   C. 向上的爬升力　　　　　　　D. 发动机的推力

7. 飞机转弯的向心力是（　　）。
   A. 飞机升力的水平分力　　　　B. 方向舵上产生的气动力
   C. 飞机的拉力　　　　　　　　D. 飞机的重力第一分力

二、完成工作页中"项目3——工作任务4　探究固定翼无人机的基本飞行性能"相关内容。

三、简答题

1. 简述什么是平飞最大速度。

2. 简述什么是固定翼无人机的升限。

3. 简述什么是固定翼无人机的下降性能。

任务 5 固定翼无人机的起飞和着陆性能

知识目标

1. 掌握固定翼无人机的起飞、着陆性能。
2. 理解影响固定翼无人机起飞、着陆性能的因素。

任务描述

固定翼无人机任何一次飞行都离不开起飞和着陆,所以无人机起飞、着陆的性能会影响作业、训练任务的完成及飞行安全。操控人员了解固定翼无人机的起飞、着陆性能,对确保无人机的性能发挥和飞行安全是很有必要的。

本任务主要介绍固定翼无人机的起飞和着陆性能。

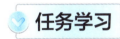

知识点 1:起飞性能

1. 起飞过程

固定翼无人机从开始滑跑、离开地面并上升到一定高度(通常为 25m)的运动过程称为起飞过程,如图 3-48 所示。

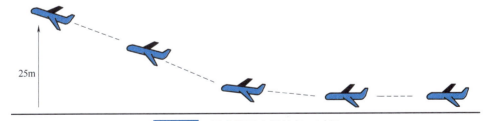

图 3-48 固定翼无人机的起飞过程

2. 起飞滑跑距离

固定翼无人机从滑跑到离地这一段距离称为起飞滑跑距离。起飞滑跑距离越短,代表固定翼无人机的起飞性能越好。固定翼无人机的起飞滑跑过程是一个加速的过程,必须先滑跑,获得足够的速度之后,机翼就可以产生足够的升力使其离地升空,所以固定翼无人机滑跑的目的就是为了尽快增大速度,得到足以支持重力的升力。固定翼无人机加速滑跑，当速度增大到一定程度，升力大于重力时，固定翼无人机就能离地。

3. 离地速度

固定翼无人机的起飞滑跑是直线加速过程，随着速度的增大，升力也增大，当速度增大到使得升力大于重力时，即可离地。这个使固定翼无人机在起飞过程中升力增加到等于重力时的瞬时滑跑速度，就称为固定翼无人机的离地速度。

固定翼无人机起飞滑跑距离的长短是由离地速度和起飞滑跑阶段中的加速度所决定的。固定翼无人机的离地速度小，经过较短距离的滑跑就能加速到离地速度，使其离地，因而固定翼无人机的起飞滑跑距离短。

知识点2：着陆性能

着陆性能是指固定翼无人机安全着陆过程中表现出来的各种性能。着陆距离、着陆滑跑距离、接地速度等，都是衡量固定翼无人机着陆过程中能否安全着陆的关键。

1. 着陆过程

固定翼无人机在离地面一定高度时（通常为25m或者15m）下滑，直至着陆滑跑停止，这一减速运动的过程称为着陆。着陆包括下滑、拉平、平飘、接地和着陆滑跑五个阶段，如图3-49所示。

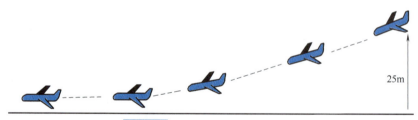

图3-49　固定翼无人机着陆过程

（1）拉平　固定翼无人机着陆过程中，从下滑状态转入平飞状态的阶段。
（2）平飘　固定翼无人机着陆过程中，起落架距离地面1m左右的平飞阶段。
（3）接地　固定翼无人机着陆过程中，起落架接触地面的瞬间。

2. 着陆距离

着陆距离是指固定翼无人机从离地面一定高度起（通常为25m或15m）下滑并降落于地面到停止滑跑所经过的水平距离，如图3-50所示。

固定翼无人机的着陆重量、制动能力、机场标高、气象条件、跑道路面情况，以及着陆过程中固定翼无人机的接地速度等都影响了着陆距离的长短。固定翼无人机垂直着陆时，着陆距离是指固定翼无人机接地前由机动速度减小到零所经过的水平距离。

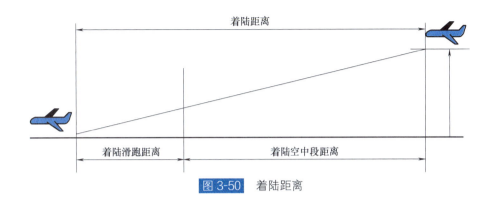

图 3-50　着陆距离

3. 接地速度

接地时，为了不使固定翼无人机下沉太快，应避免与地面猛烈撞击，经过一段平飘，仍需保持一定速度，使升力能平衡重力，待升力稍小于重力，即可平稳地接地。保持升力等于重力而接地的瞬时飞行速度，称为接地速度。

4. 着陆滑跑距离

固定翼无人机从接地开始到滑跑停止所经过的距离称为着陆滑跑距离。

着陆滑跑距离的长短是由接地速度和着陆滑跑阶段中的加速度所决定的。接地速度越小，滑跑距离越短。

知识点 3：影响起飞、着陆性能的因素

固定翼无人机的起飞滑跑距离、着陆滑跑距离，随起飞重量、降落场地高度和气象条件等因素的改变而变化。即：

1）固定翼无人机重量增加，一方面，使固定翼无人机不易加速或减速；另一方面需要升力增大，使离地速度和接地速度都增大。所以起飞滑跑距离、着陆滑跑距离都变长。

2）降落场地高度越高，空气密度越小，离地速度和接地速度都增大，所以起飞滑跑距离、着陆滑跑距离都变长。还有空气密度减小，动力装置推力随之减小，导致起飞滑跑中的加速度减小，起飞滑跑距离变长。

3）同一降落点，气温升高，则空气密度减小，起飞滑跑距离、着陆滑跑距离变长。

无论起飞或着陆，都以逆风为宜，可以更好地提高升力，缩短滑跑距离；反之，顺风起落，滑跑距离都会变长。

14. 固定翼无人机的方向操纵性

任务核验

一、选择题

1. 起飞重量越大,起飞距离( )。
   A. 越短　　　　　　　　　　B. 越长
   C. 与起飞重量无关　　　　　D. 有关系,但不能确定

2. 相同情况下,飞机在高原机场起飞的距离比普通机场的起飞距离( )。
   A. 短　　B. 长　　C. 相等　　D. 可能短也可能长

3. 相同情况下,飞机放襟翼的着陆距离比不放襟翼着陆的距离( )。
   A. 长　　B. 短　　C. 相等　　D. 以上均有可能

4. 起飞距离是( )。
   A. 从速度为0开始加速滑跑到飞机离地上升到15m(50英尺),速度不小于起飞安全速度所经过的水平距离
   B. 从开始加速滑跑到飞机离地所经过的距离
   C. 从速度为0开始加速滑跑到飞机离地上升到15m(50英尺)所经过的距离
   D. 从速度为0开始加速滑跑到飞机离地上升到30m(100英尺)所经过的距离

5. 起飞滑跑时飞机的升力随速度增加而( )。
   A. 减小　　B. 增加　　C. 不变　　D. 不能确定

6. 顺风起飞,飞机加速到抬前轮速度的距离会( )。
   A. 增加　　B. 减小　　C. 不变　　D. 以上都不对

二、完成工作页中"项目3——工作任务5 探究固定翼无人机的起飞着陆性能"相关内容。

三、简答题

1. 简述什么是固定翼无人机的起飞性能。

2. 简述什么是固定翼无人机的着陆性能。

3. 简述影响固定翼无人机的起飞、着陆性能的因素都有哪些。

项目 4　旋翼无人机飞行原理

　　旋翼无人机可泛指一切可以垂直起降的无人机,但有些特殊结构的固定翼无人机也具备这种能力。旋翼无人机与固定翼无人机的最大区别在于旋翼无人机的升力由旋翼提供,而固定翼无人机的升力则是由固定机翼提供。在阻力方面,旋翼无人机与固定翼无人机类似,各部分部件都会产生阻力,并且各部件之间也同样存在着相互干扰的作用,因此总的阻力要高于各部件阻力之和。

　　本项目主要介绍无人直升机和多旋翼无人机的飞行原理,包括旋翼无人机气动结构、无人直升机飞行原理、多旋翼无人机飞行原理等。

任务 1　旋翼无人机气动结构

知识目标

1. 掌握无人直升机气动结构组成。
2. 掌握多旋翼无人机气动结构组成。

任务描述

　　旋翼无人机可概括为两大类:一类是无人直升机,即采用单一主旋翼或双旋翼提供升力的无人机,主要应用于军事和工业领域;另一类是多旋翼无人机,即采用三个及以上旋翼共同提供升力的无人机,主要应用于工业和消费领域。

　　在学习旋翼无人机飞行原理之前,首先要确定研究对象,即产生升力的主要部件。因此,充分了解旋翼无人机的气动结构是关键。

任务学习

知识点1:无人直升机气动结构

近年来,随着复合材料、动力系统、传感器,尤其是飞行控制等技术的研究,无人驾驶直升机得到了迅速的发展。无人驾驶直升机,是指由无线电地面遥控飞行或自主控制飞行的可垂直起降的不载人飞行器,在构造形式上属于旋翼飞行器,在功能上属于垂直起降飞行器。

无人驾驶直升机根据平衡反扭力矩的方式不同,通常有"单旋翼+尾桨""双旋翼共轴式""纵列双旋翼式""横列双旋翼式""交叉式布局"等结构,这里重点介绍"单旋翼+尾桨"式无人直升机的气动结构。

常见的无人直升机是"单旋翼+尾桨"式的结构,主要由旋翼系统(包括主旋翼、桨毂、自动倾斜器等)、尾桨、起落架、动力系统、操纵系统、机身等组成,如图4-1所示。

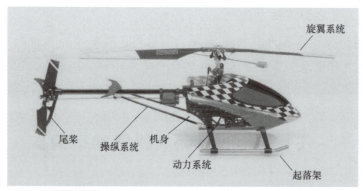

图4-1 "单旋翼+尾桨"式无人直升机的结构

1. 旋翼系统

主旋翼、桨毂和自动倾斜器等是构成无人直升机旋翼系统的主要部件。到目前为止,已在实践中应用的旋翼形式有铰接式、半铰接式、无铰接式和无轴承式,也存在这些典型形式的组合或变种的主旋翼系统。

1)铰接式旋翼系统。铰接式旋翼系统的桨叶通过摆振铰、挥舞铰和变距铰与桨毂相连接。即通过在桨毂上设置挥舞铰、摆振铰和变距铰来实现桨叶的挥舞、摆振和变距运动。典型的铰接式桨毂铰的布置顺序(从里向外)是由挥舞铰、摆振铰到变距铰,如图4-2所示。

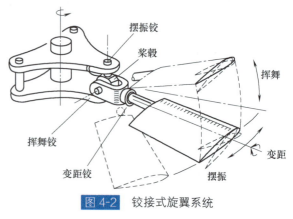

图4-2 铰接式旋翼系统

摆振铰使得桨叶能够在旋转平面内做前后自由摆动，挥舞铰使得桨叶能够做垂直于桨盘平面的上下自由挥舞运动，变距铰使得桨叶能够绕变距轴做变距运动。通常铰接式旋翼在摆振铰上都带有桨毂减摆器，为桨叶绕摆振铰的摆振运动提供阻尼，吸收旋翼桨叶的部分加速度。

2）半铰接式旋翼系统。半铰接式旋翼系统包括万向接头式（见图 4-3a）和半刚性跷跷板式（见图 4-3b）。这类旋翼系统没有摆振铰和减摆器，两片桨叶相连共用一个挥舞铰，只允许做两种不同的运动，即挥舞和变距。桨毂通过一个万向铰或一个跷跷板铰链连接到主轴上，使的桨叶可以上下挥舞。当一片桨叶向下运动时，另一片桨叶向上运动。变距则是通过一个变距铰实现，通过它可以改变桨叶的迎角。半铰接式旋翼系统的优点是结构简单，挥舞铰不承受离心力而只传递拉力和旋翼力矩，轴承负荷比较小。

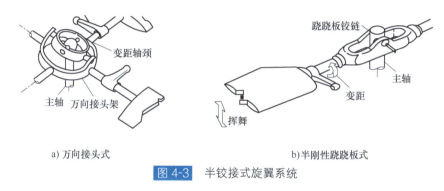

a) 万向接头式 b) 半刚性跷跷板式

图 4-3 半铰接式旋翼系统

3）无铰接式旋翼系统。无铰接旋翼的桨叶和桨毂连接取消了挥舞铰及摆振铰而只保留变距铰，桨叶的挥舞及摆振完全通过根部的弹性变形来实现，如图 4-4 所示。与铰接式旋翼系统相比，它的结构简单，但桨叶和桨毂的弯曲载荷较大。从 20 世纪 70 年代初开始，由于在旋翼上应用了疲劳强度较高的复合材料和钛合金，这种形式的桨毂逐渐增多。

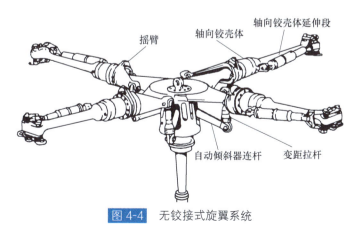

图 4-4 无铰接式旋翼系统

4）无轴承式旋翼系统。无轴承式旋翼取消了变距铰、挥舞铰和摆振铰，除了周期变距外，这种桨毂不提供旋翼任何的活动，如图 4-5 所示。桨叶的挥舞、摆振和变距运动都是由桨叶根部的柔性元件来完成，与一般的无铰接式旋翼相比，质量可减小 50%。这种设计使操纵反应非常迅速且准确，通常只用在小型直升机上。

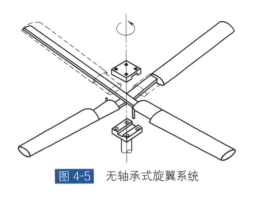

图 4-5　无轴承式旋翼系统

（1）主旋翼　主旋翼是无人直升机等旋翼航空器的主要升力部件，它由桨毂和数片桨叶构成，桨毂安装在旋翼轴上，形如细长机翼的桨叶则连在桨毂上，如图 4-6 所示。

图 4-6　主旋翼构造图

主旋翼是无人直升机的重要部件，可以把发动机带动旋翼旋转产生的动能转换成旋翼的拉力。主旋翼也是重要的操纵部件，通过操纵机构控制旋翼拉力的大小和方向，可以实现对无人直升机的主要飞行操纵。其具体作用可以归纳为以下几个方面：

1）产生升力，用以平衡无人直升机的重力，以及机身、平尾、机翼等部件在垂直方向上的分力。

2）产生向前的水平分力，克服空气阻力使直升机前进。

3）产生侧向或向后水平分力，使直升机进行侧飞或倒飞。

4）产生分力及力矩对直升机进行控制或机动飞行，类似于固定翼无人机上的各种操纵面。

（2）桨毂　旋翼通过桨毂与旋转轴连接，旋翼的形式由桨毂形式决定。

（3）自动倾斜器　自动倾斜器又称倾斜盘或十字盘，用来改变旋翼的桨距。自动倾斜器主要由变距拉杆、旋转环、不旋转环等组成，如图 4-7 所示。通过操纵自动倾斜器实现旋翼变总距或周期变距旋转，最终实现无人直升机垂直、前后、左右运动。

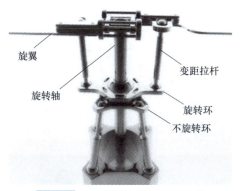

15. 自动倾斜器

图 4-7　自动倾斜器的结构组成

2. 尾桨

根据牛顿第三定律,当旋翼高速旋转时会对机体产生一个反作用力矩。如果只有一个旋翼,机体会不受控制的反方向转圈,因此要采取措施抵消这种反扭力矩。直升机抵消反扭力矩的方案有很多,最简单的办法就是在机尾安装一个朝向侧面的尾桨,这种抵消反扭力矩的主旋翼——尾桨布局,也就是前面提到的"单旋翼+尾桨"式布局,如图 4-8 所示。主旋翼顺时针转,对机身产生逆时针方向的反扭力矩,尾桨就必须或推或拉,产生顺时针方向的力矩,以抵消主旋翼的反扭力矩,如图 4-9 所示。

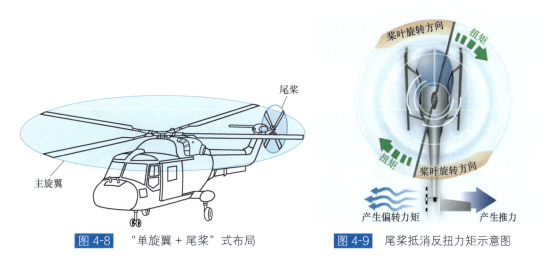

图 4-8　"单旋翼+尾桨"式布局　　　图 4-9　尾桨抵消反扭力矩示意图

尾桨的结构形式有跷跷板式、万向接头式、铰接式、无轴承式、涵道尾桨式、无尾桨等。

知识点 2:多旋翼无人机气动结构

多旋翼无人机就是有三个或者三个以上旋翼的无人直升机,称为多旋翼无人机,也可称多轴无人机。多旋翼无人机因其机械结构简单、操作便利而深受广大用户的青睐，已在日常生活中得到广泛应用，如在植保、电力巡线、航拍、刑侦以及救援等领域都有应用。领域不同需求不同，对多旋翼无人机性能要求也有各自的侧重点，目前市场上已呈现各式各样的无人机构型，如最受欢迎的娱乐用四旋翼无人机、备受摄影师钟爱的六旋翼无人机、专业用"重型运输机"式的八旋翼无人机等。尽管多旋翼无人机结构形式多样，但一般由机架、螺旋桨、电动机、起落架和飞控等组成，如图 4-10 所示。

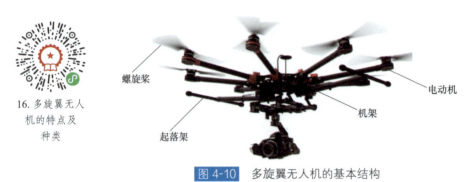

图 4-10　多旋翼无人机的基本结构

1. 机架

（1）机架的作用及材料　机架是多旋翼无人机的主体，也称为机身。机架需要承载无人机的全部设备，包括飞行控制器、电调、电动机、螺旋桨、遥控器接收机、电池、电源、云台等，同时提供多旋翼无人机飞行及传感器所需的稳定坚固平台。因此机架设计的好坏将直接影响到整个无人机的性能与安全。常见的机架材料有塑料（见图 4-11）和碳纤维（见图 4-12）。

图 4-11　塑料机架　　　　图 4-12　碳纤维机架

机架的作用有：

1) 提供安装和固定电动机、电调、飞控板的接口。

2) 提供无人机飞行过程中所需的稳定坚固的平台，同时也为传感器提供一个稳定的平台。

3) 安装起落架等缓冲设备，为无人机提供安全的起飞和降落条件，避免损坏其他仪器。

4) 安装相应的保护装置，保护装置用于保护无人机本身和可能接触到的操控人员。

（2）机架布局　多旋翼无人机一般按轴数和桨数分为几轴几旋翼无人机，比如六轴六旋翼无人机。按照电动机的排布可分为单轴单桨和共轴双桨多旋翼无人机，如图 4-13 为四轴八旋翼无人机。按照机头方向与电动机安装的位置关系一般分为 X 型、I 型、V 型、IY 型和 Y 型等，如图 4-14 所示。

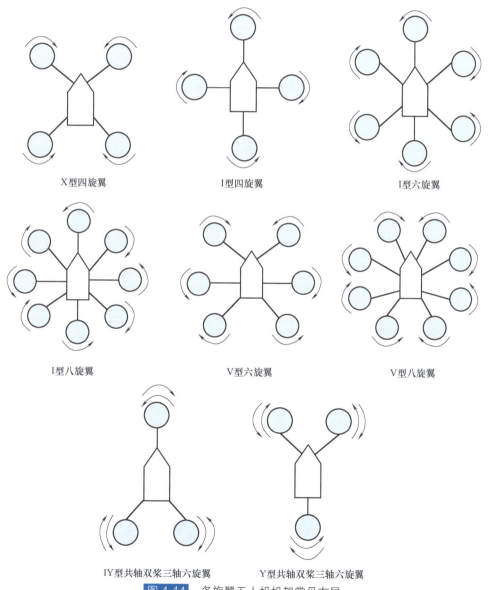

图 4-13　四轴八旋翼无人机

图 4-14　多旋翼无人机机架常见布局

（3）轴距　轴距是多旋翼无人机机架非常重要的一个参数，一般用"轴距"来形容机架大小，轴距就是外圈电动机组成的圆周直径，如图 4-15 所示。轴距的大小决定了螺旋桨的尺寸上限，从而限定了螺旋桨能产生的最大拉力，也就直接影响到无人机的载重能力。

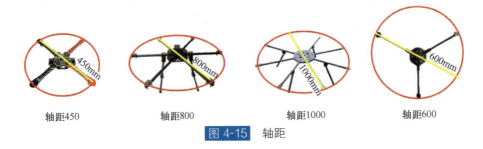

图 4-15　轴距

2. 起落架

通常在多旋翼无人机的底部装有起落架，如图 4-16 所示，其作用是使机身与地面之间有一个安全距离，从而避免因机身倾斜螺旋桨与地面发生碰撞，起落架是多旋翼无人机唯一与地面接触的部分。另外起落架拉大了螺旋桨与地面之间的距离，可有效减小起飞和降落时气流与地面之间的干扰。当然，起落架也加大了无人机自身的质量，减小了无人机的载重。

3. 螺旋桨

螺旋桨是指靠桨叶在空气或水中旋转，将发动机转动功率转化为推进力的装置。螺旋桨有很多种，广泛应用在飞行器（如民航客机、固定翼无人机、多旋翼无人机等）、轮船的推进器上。本部分主要讨论无人机上的螺旋桨，其在发动机驱动下高速旋转，从而产生推力（或拉力）、升力。

多旋翼无人机上用的螺旋桨多为木质或复合材料，而且一般情况下都是定距螺旋桨，即桨叶角不可调。一架飞行器上桨叶的数目是根据发动机功率而定的，有 2 叶、3 叶和 4 叶的，也有 5 叶、6 叶的。螺旋桨主要由桨叶、桨毂、旋转轴等组成，如图 4-17 所示。

图 4-16　起落架

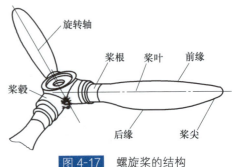

图 4-17　螺旋桨的结构

1）桨毂。用来安装桨叶，并与发动机曲轴或减速器连接在一起。
2）桨叶。产生空气动力的主要部件。
3）桨根。最接近桨毂的桨叶部分。
4）桨尖。离桨毂最远的部分称为叶尖。
5）旋转轴。用来传递发动机的动力。

4. 涵道

多旋翼无人机为了增加螺旋桨的动能使用效果，还可以在桨的外侧安装涵道，如图 4-18 所示。涵道除了可以保护螺旋桨和操控人员的安全，还可以提高多旋翼无人机飞行的拉力效率和减少噪声。

带有涵道多旋翼的拉力由两部分组成，即螺旋桨本身产生的拉力和涵道产生的附加拉力。根据伯努利原理，涵道内侧由于有螺旋桨的高速旋转，带动气流快速下降，涵道外侧气流流动缓慢，所以涵道外侧气压会大于内侧气压，于是空气会产生一部分向上的拉力，即会提高飞机的动力，如图 4-19 所示。但是从机架设计上讲，如果增加了四个涵道，也就是增加无人机自身的质量，那么需要的拉力就更大，因此是否需要使用涵道，或是涵道的材料如何选择也是值得衡量的问题。

图 4-18　涵道

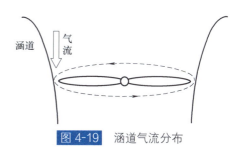

图 4-19　涵道气流分布

知识点 3：旋翼与螺旋桨的区别

旋翼与螺旋桨通过旋转产生升力（或推力），但它们之间有一定的区别，具体如下：

1）螺旋桨从桨根到桨尖成几何扭转，是一个"扭转了"的机翼，而旋翼几乎是不扭转的，即使有扭转也很小，不像螺旋桨那样明显，如图 4-20 所示。

2）螺旋桨仅仅是通过旋转产生空气动力实现某一方向的推（拉）力，它的旋转平面几乎不倾斜，而旋翼则会小范围的倾斜。

3）螺旋桨可以固定桨距使用，也可以采用可调桨距；旋翼除了变桨距的功能，还有周期变距功能。

a) 螺旋桨　　　　　　　　　　　　　　b) 旋翼

图 4-20　螺旋桨与旋翼

任务核验

一、选择题

1. 部分多轴飞行器螺旋桨根部标有"CCW"字样，其意义为（　　）。
   A. 此螺旋桨由 CCW 公司生产
   B. 此螺旋桨为俯视顺时针旋转
   C. 此螺旋桨为俯视逆时针旋转

2. 多轴的"轴"是指（　　）。
   A. 舵机轴　　　　　　B. 飞行器运动坐标轴　　　C. 动力输出轴

3. 某多轴螺旋桨长 254mm，螺距 114 mm，那么它的型号可表述为（　　）。
   A. 2511　　　　　　　B. 1045　　　　　　　　　C. 254114

4. 同一架多轴飞行器，在同样做好动力匹配的前提下（　　）。
   A. 两叶桨的效率高　　B. 三叶桨的效率高　　　　C. 两种桨效率一样高

5. 在升高与下降过程中，无人直升机与多轴飞行器表述正确的是（　　）。
   A. 无人直升机主要改变旋翼总距，多轴飞行器主要改变旋翼转速
   B. 无人直升机主要改变旋翼转速，多轴飞行器主要改变旋翼总距
   C. 无人直升机主要改变旋翼转速，多轴飞行器同样改变旋翼转速

6. 多轴飞行器的螺旋桨（　　）。
   A. 桨根处迎角小于桨尖处迎角
   B. 桨根处迎角大于桨尖处迎角
   C. 桨根处迎角等于桨尖处迎角

7. 无人直升机产生升力的部件是（　　）。
   A. 尾桨　　　　　　　B. 主旋翼　　　　　　　　C. 机体

二、完成工作页中"项目4——工作任务1 探究旋翼无人机气动结构组成"相关内容。

三、简答题

1. 简述无人直升机克服反扭力矩的方式。

2. 简述多旋翼无人机的优势，可用四旋翼无人机为例进行具体分析。

任务2 无人直升机飞行原理

知识目标

1. 掌握旋翼产生升力的原理。
2. 掌握旋翼运动的特点。
3. 掌握无人直升机克服反扭力矩的方法及原理。

任务描述

无人直升机作为一种典型的旋翼飞行器，其飞行所需的升力是靠旋翼旋转产生的，同时，旋翼又是无人直升机的操纵面，即无人直升机通过旋翼拉力的倾斜实现前进、后退和侧飞。

本任务主要介绍旋翼产生升力的原理。

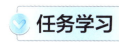

知识点1：旋翼产生升力的原理

1. 旋翼拉力的产生

旋翼的翼型（切面形状）与固定翼无人机机翼的翼型相似，无人直升机的旋翼及翼型如图4-21所示。

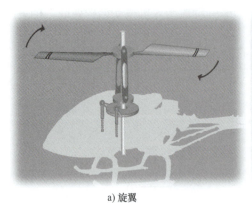

a) 旋翼　　　　　　　　　　　　　　b) 翼型

图 4-21　无人直升机的旋翼及翼型

无人直升机的旋翼转动时，气流以一定的迎角流过桨叶，如同气流以一定的迎角流过机翼一样，其产生升力的原理与机翼产生升力的原理相同。即根据伯努利原理，发动机转动驱动旋翼不断旋转，空气流过桨叶上表面时流管变细，流速加快，压力减小；空气流过桨叶下表面时流管变粗，流速变慢，压力增大；这时，桨叶的上下表面形成了压力差，产生向上的拉力，即升力，如图 4-22 所示。升力大小受到很多方面的影响，比如桨叶与气流相遇时的角度、空气密度、机翼的大小和形状，

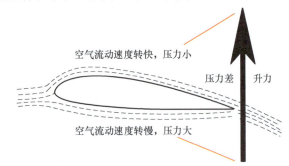

图 4-22　旋翼产生拉力的原理示意图

还有和气流的相对速度等。各桨叶升力之和就是旋翼的升力，当这个升力大于直升机的自重时直升机离开地面起飞。

2. 旋翼拉力的方向

1）无人直升机静止时，因受自身重力作用以及挥舞铰的存在会下垂，如图 4-23 所示。即旋翼静止时（关车状态时），旋翼受重力影响自然下垂。

图 4-23　旋翼下垂示意图

2）无人直升机桨叶旋转时，各桨叶除自身重力 G 外，还有空气动力 R 和惯性离心力 $F_{离心}$。其中，空气动力中的拉力 T 会使桨叶向上扬起；惯性离心力 $F_{离心}$ 试图将桨叶拉平。由于拉力远远大于重力，当这三个力对挥舞铰形成的力矩取得平衡时，桨叶会向

上扬起一定的角度。由于各桨叶在旋转中都向上扬起,所以旋翼旋转时就形成了一个倒立的圆锥形状,称为旋翼锥体。锥体的中心线为锥体轴,向上扬起的桨叶与桨毂旋转平面之间的夹角叫锥角,如图4-24所示。

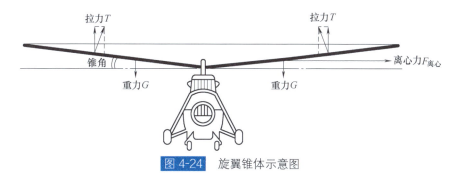

图4-24 旋翼锥体示意图

3)当无人直升机的桨叶形成倒立的锥体后,各桨叶的拉力 $T_{桨叶}$ 均相应地向内侧倾斜一个角度。各桨叶上的拉力可以分解成一个与桨尖旋转平面垂直的分力 $T_垂$ 和一个与桨尖旋转平面平行的分力 $T_平$,如图4-25所示。其中各桨叶的 $T_平$ 互相平衡,合力为零,各桨叶的 $T_垂$ 的合力就是旋翼的总拉力 T。由于旋翼各桨叶上产生的拉力基本相等,所以总拉力的作用线与锥体轴重合。当旋翼锥体倾斜时,拉力也随之倾斜,如图4-26所示。

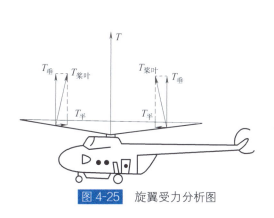

图4-25 旋翼受力分析图

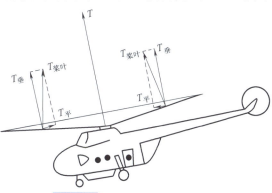

图4-26 旋翼倾斜时受力分析图

知识点2:运动中旋翼的受力分析

1. 悬停或垂直起降时受力分析

在无风条件下,无人直升机空中悬停或垂直起降时,各桨叶无论转到哪个方位,其相对气流速度都一样,产生的拉力 T 都相等,如图4-27所示。

2. 向前飞行受力分析

(1)受力情况分析 无人直升机向前飞行

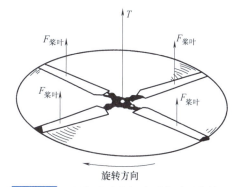

图4-27 悬停或垂直起降时桨叶受力情况示意图

时，桨叶转到不同方位时相对气流速度是不同的，其拉力也不相等，前飞时桨叶各切面相对气流变化情况及反流区如图 4-28 所示。

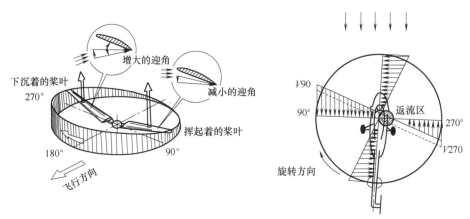

图 4-28　前飞时桨叶各切面相对气流变化情况及反流区

1）前行桨叶（在 0°～180° 范围内，不含 0° 和 180°）上的相对气流，是由桨叶转动而产生的相对气流和无人直升机前进而产生的相对气流两部分合成的，这两部分相对气流都从桨叶前缘流向后缘，合成的结果使前进桨叶的相对气流速度比悬停时相对气流速度大，从而产生的拉力大。

2）后退桨叶（在 180°～360° 范围内，不含 180° 和 360°）上的相对气流，桨叶转动而产生的相对气流从桨叶前缘流向后缘，而无人直升机前飞所产生的相对气流却是从桨叶后缘流向前缘，这两部分相对气流合成的结果会使后退桨叶的相对气流速度变小，从而产生的拉力小。

3）后退桨叶根部，由于线速度小于无人直升机前进的速度，出现了气流从桨叶后缘向前缘流动的返流现象，产生了返流区，如图 4-28 阴影部分所示。

（2）存在问题分析

1）由上面受力分析可知，无人直升机前飞时，前进桨叶的相对气流速度比后退桨叶的大，并且后退桨叶根部还存在返流区。这样，前进桨叶产生的拉力比后退桨叶的大，出现了拉力不对称现象，并对直升机重心形成不平衡力矩，即横向不平衡力矩。横向不平衡力矩会使直升机有向一侧翻倒的趋势。

2）桨叶拉力会使桨叶根部受到很大的弯曲力矩。当无人直升机前飞时，因相对气流不对称，引起桨叶拉力发生周期性变化，从而使桨叶根部受到的弯曲力矩也发生周期性变化。周期性变化的弯曲力矩是一种交变载荷，很容易使桨叶根部疲劳损坏。

如何解决这些问题，将在知识点 3 给出答案。另外，无人机后退和侧向运动的受力分析同上，不再赘述。

知识点 3：旋翼的挥舞与摆阵

根据知识点 2 的分析可知，无人直升机在前飞、后退飞行或侧飞中，旋翼各桨叶周向相对气流会出现明显的不对称现象，必然会对无人直升机的平衡造成破坏。这时可以通过设置挥舞铰和摆振铰来消除不对称现象。

1. 旋翼的挥舞运动

旋翼的挥舞是指前行桨叶因拉力大而上扬，后退桨叶因拉力小而下挥，桨叶在旋转时这种一起一伏的现象叫作挥舞。

如果桨叶和桨毂刚性连接，一方面桨叶上不均的升力会使桨叶产生强烈的扭曲，既会加速桨叶材料的疲劳，又容易引起振动；另一方面旋翼两侧升力的不均匀会使机体失去平衡向一侧翻滚。为了解决这些问题，就可以设计一个铰接装置来连接桨叶和桨毂，即"挥舞铰"，如图 4-29 所示。

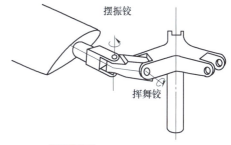

图 4-29 摆振铰和挥舞铰

这样，当桨叶转到不同位置产生的拉力不相等时，就可以绕水平关节向上或向下转动，而不会把桨叶拉力构成的力矩传到机身上去。从而基本上消除了横向不平衡力矩，桨叶根部也受不到弯曲力矩的作用。

同时，桨叶挥舞也会使桨叶迎角发生变化，桨叶迎角的改变又会使拉力发生变化（见图 4-28）。当前行桨叶因拉力大而向上挥舞时，自上而下的相对气流使相对气流合速度方向改变，桨叶迎角减小，拉力也就减小；反之，后退桨叶向下挥舞时，迎角增大，拉力也增大。可见，桨叶因挥舞所引起的迎角改变，可以减轻拉力不对称的程度。

另外，在旋翼桨毂上还装有轴向关节（变距铰），当桨叶绕水平关节挥舞时，变距摇臂末端因被变距拉杆固定，不能上下移动，便引起轴向活动关节外壳转动，使桨距改变，引起桨叶拉力变化。例如：当前行桨叶上扬时（见图 4-30），变距拉杆拉住桨叶变距摇臂，使桨距减小，导致桨叶拉力减小；当后退桨叶向下挥舞时，变距拉杆顶住变距摇臂，使桨距增大，导致桨叶拉力增大。这一特点叫作桨叶的挥舞调节作用，可以进一步减轻拉力不对称的程度。

也就是说，由于安装了水平关节（挥舞铰），使桨叶可以做上下挥舞运动，同时桨叶挥舞引起迎角的变化和挥舞调节作用，再加上飞控的操纵，就可以全部消除横侧不平衡力矩。

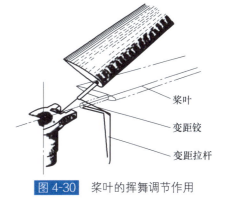

图 4-30 桨叶的挥舞调节作用

2. 旋翼的摆阵运动

桨叶的挥舞虽然解决了升力不均匀和材料疲劳等问题，但也带来了新的问题。桨叶向上挥舞时，质心离旋转轴的距离减小，产生的科氏力矩使桨叶加速旋转；桨叶恢复水平时，质心离旋转轴的距离增加，科氏力矩又会使桨叶减速旋转，如图4-31所示。这样，当桨叶周期性挥舞运动时，桨叶会受到方向和大小周期性变化的科氏力矩作用，从而导致桨叶前后反复弯曲变形，容易使桨叶根部疲劳损坏。

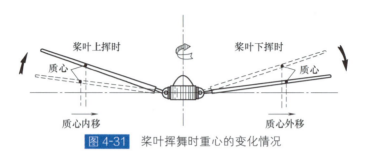

图 4-31　桨叶挥舞时重心的变化情况

科氏力矩的大小和方向随着桨叶的挥舞呈现周期性变化，桨叶在水平方向也会前后摇摆，补偿挥舞造成了科里奥利效应。如果不加控制，这种摇摆对桨叶根部的损伤会非常大，解决的办法就是安装摆振铰。

无人直升机通常采用在旋翼的桨毂上装摆振铰（垂直铰），如图4-32所示，来消除科氏力矩的不利影响。摆振铰使桨叶可绕该关节前后摆动，当桨叶上挥产生指向前缘的科氏力矩时，桨叶可向前摆动一个角度；当桨叶下挥产生指向后缘的科氏力矩时，桨叶可向后摆动一个角度，从而避免了桨叶根部因科氏力矩发生疲劳损坏。

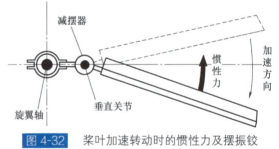

图 4-32　桨叶加速转动时的惯性力及摆振铰

此外为了给桨叶绕摆振铰的摆振运动提供阻尼以及保证其有足够的稳定性裕度，防止出现"地面共振"，摆振铰上通常都还装有摆振阻尼器，称为减摆器（见图4-32）。

由于摆振铰的存在，桨叶前行时自然增加后掠角（即所谓"滞后"，因为桨叶在旋转方向上的角速度低于圆心的旋转速度），变相增加桨叶在气流方向上剖面的长度，加强了减小迎角的作用；在后行时，减摆器使桨叶恢复到正常位置（即所谓"领先"，因为桨叶在旋转方向上的角速度高于圆心的旋转速度），加强了增加迎角的作用，所以摆振铰有时也被称为领先-滞后铰。

目前有些无人直升机的旋翼采用了复合材料，具有很强的抗疲劳性能，不易损坏，因而取消了垂直关节，有的甚至还同时取消了水平关节。

知识点 4：尾桨

1. 旋翼的反作用力矩

牛顿第三定律指的是一个力作用于一个物体上，则必然会有一个来自该物体的大小相等，方向相反的力。

无人直升机的旋翼克服空气阻力旋转时，根据牛顿第三定律，桨叶在拨动空气的同时，空气也给各桨叶一个大小相等、方向相反的反作用力，这个反作用力对旋翼转轴所构成的力矩就是旋翼的反作用力矩。旋翼的反作用力矩传到无人直升机的机体上，就会使其向旋翼旋转的反方向偏转。即旋翼顺时针旋转（俯视），其反作用力矩使机头向左偏转，如图 4-33 所示。

2. 尾桨的作用

尾桨是指单旋翼无人直升机为平衡旋翼扭矩产生的反作用力矩而在机身尾部所装置的小型旋翼。其构造与旋翼基本相同，其旋转平面平行于直升机的对称面，如图 4-34 所示。

17. 直升机尾桨的作用

图 4-33　旋翼的反作用力矩

图 4-34　直升机的尾桨

单旋翼直升机利用尾桨产生的侧向拉力 P 对直升机重心形成的力矩，来平衡旋翼的反作用力矩，使直升机能够正常飞行，不因旋翼的反作用力矩而偏转、失控。如果旋翼是顺时针旋转的，反作用力矩要使机头向左偏转，则尾桨拉力对直升机重心形成的力矩使机头向右偏转。当这个向右偏转的力矩与旋翼的反作用力矩取得平衡时，机头就不会偏转。此外，还可以通过改变尾桨拉力的大小对直升机实行方向操控。

尾桨的作用可以概括为以下三点：

1）抵消反扭力矩。无人直升机在空中飞行，如果没有尾桨，主旋翼转动产生的反扭力矩，会使机身反向转动导致无人直升机打转。尾桨可以产生偏转力矩，抵消反扭力矩实现无人直升机航向稳定。

2）改变飞行方向。可以改变尾桨桨距，使偏转力矩发生变化。当偏转力矩与反扭

力矩无法抵消时，机头向左或向右偏转。

3）应对强气流。当无人直升机遭遇不稳定气流冲击时，尾桨能在航电系统引导下，根据机身偏移程度，改变偏转力矩，帮助主旋翼应对强气流，让无人直升机回归平稳飞行状态。

任 务 核 验

一、选择题

1. 直升机主旋翼产生升力的原理可以用（　　　）来解释。
　　A. 连续性定理　　　　B. 伯努利定理　　　　C. 惯性定理　　　　D. 质量守恒定律

2. 下列无人直升机的哪种布局可以克服反扭力矩（　　　）。
　　A. 单旋翼+尾桨　　　B. 共轴双桨　　　　　C. 横列式双桨　　　　D. 以上都是

3. "单旋翼+尾桨"式布局的无人直升机，尾桨的安装方向是（　　　）。
　　A. 水平　　　　　　　B. 垂直　　　　　　　C. 视情况而定　　　　D. 以上都有可能

4. 下列哪些是无人直升机桨叶可运动的形式（　　　）。
　　A. 摆振　　　　　　　B. 挥舞　　　　　　　C. 变桨距　　　　　　D. 以上都是

5. 无人直升机向前飞行时，前行桨叶比后行桨叶的气流速度要（　　　）。
　　A. 大　　　　　　　　B. 小　　　　　　　　C. 相等　　　　　　　D. 不能确定

6. （　　　）是无人直升机的操纵面。
　　A. 主旋翼　　　　　　B. 尾翼　　　　　　　C. 尾桨　　　　　　　D. 小翼

7. 改变（　　　）拉力的大小对直升机实行方向操纵。
　　A. 主旋翼　　　　　　B. 尾翼　　　　　　　C. 尾桨　　　　　　　D. 小翼

二、完成工作页中"项目4——工作任务2　探究无人直升机飞行原理"相关内容。

三、简答题

1. 简述无人直升机旋翼产生升力的原理。

2. 简述无人直升机尾桨的结构及作用。

任务 3　多旋翼无人机飞行原理

 知识目标

1. 掌握多旋翼无人机常见的布局。
2. 掌握螺旋桨的结构及参数。
3. 掌握螺旋桨拉力及阻力产生的原理。
4. 掌握多旋翼无人机的飞行原理。

 任务描述

多旋翼无人机，是一种具有 3 个及以上旋翼轴的特殊的无人驾驶直升机。其通过每个轴上的电动机转动，带动旋翼，从而产生升推力。旋翼的总距固定，不像一般直升机那样可变。通过改变不同旋翼之间的相对转速，可以改变单轴推进力的大小，从而控制飞行器的运行轨迹。

本任务主要介绍多旋翼无人机的布局、螺旋桨的结构及参数、螺旋桨拉力及阻力产生的原理、多旋翼无人机的受力分析及飞行原理。

 任务学习

知识点 1：多旋翼无人机的布局

多旋翼无人机具有多个旋翼，采用旋翼旋转变速或桨叶变总距（无周期变距）的方式改变旋翼升力的大小，因而取消了无人直升机操控系统中必不可少的自动倾斜器。多旋翼无人机通常有 4 个或更多旋翼，如四旋翼、六旋翼、八旋翼等，其中四旋翼是最简单、最流行的一种。

多旋翼无人机一般采用轴对称总体布局形式，中央位置集中布置飞控、GPS、电池、任务设备等，四周均布置发动机支架和螺旋桨。以四旋翼无人机为例，常见布局有 X 形、十字形等，如图 4-35 所示。

需要说明的是，多旋翼无人机为达到飞行平衡，1 号和 2 号电动机逆时针旋转，3 号和 4 号电动机顺时针旋转。四旋翼无人机是通过调节四个电动机的转速来改变旋翼的转速，实现升力的变化，从而控制无人机的姿态和位置。

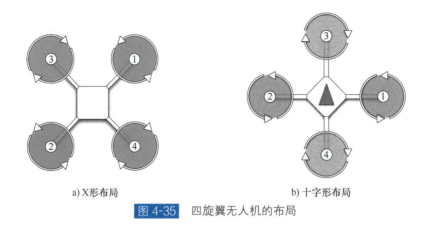

a) X形布局　　　　　　　　b) 十字形布局

图 4-35　四旋翼无人机的布局

知识点 2：螺旋桨的结构及参数

螺旋桨是多旋翼无人机产生升力的主要部件，也是螺旋桨式固定翼无人机产生推力的主要部件，故在学习多旋翼无人机飞行原理之前，先介绍螺旋桨的结构及参数。

1. 螺旋桨的结构

无人机的螺旋桨结构很特殊，即单支桨叶为细长而又带有扭角的翼形叶片，桨叶的扭角（桨叶角）相当于飞机机翼的迎角，但桨叶角为桨尖与旋转平面呈平行逐步向桨根变化的扭角，即桨叶角从桨尖到桨根是变化的，如图 4-36 所示。

2. 桨叶的剖面及参数

桨叶的剖面形状与机翼的剖面形状很相似，如图 4-37 所示。叶背相当于机翼的上翼面，曲率较大，叶面则相当于下翼面，曲率较小，每支桨叶的前缘与发动机输出轴的旋转方向一致，所以，多旋翼无人机螺旋桨相当于旋转的机翼。

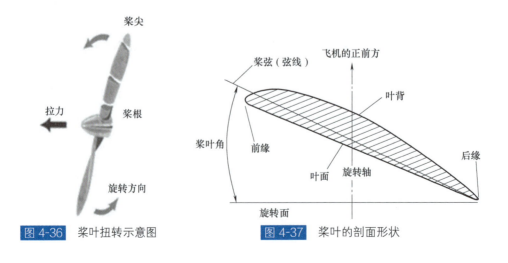

图 4-36　桨叶扭转示意图　　　　图 4-37　桨叶的剖面形状

1)桨弦(弦线):桨叶剖面前缘与后缘之间的连线。

2)旋转面:桨叶旋转时所转过的平面。

3)叶背:桨叶凸起的一面。

4)叶面:桨叶平坦的一面。

5)桨叶角:螺旋桨旋转平面和桨叶弦线之间的夹角。

6)桨叶迎角(攻角):桨叶弦线和相对气流的夹角,通常用 α 表示(见图 4-38)。

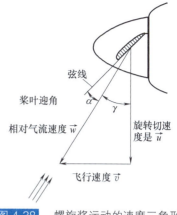

图 4-38 螺旋桨运动的速度三角形

3. 相对气流

螺旋桨在工作过程中,既有旋转,又有向前的运动。设飞行速度为 v,某一剖面处桨叶旋转切速度 u,相对气流速度为 w,如图 4-38 所示,则螺旋桨运动的速度三角形为 $\vec{w}=\vec{u}+\vec{v}$。相对气流的方向由无人机的飞行运动和螺旋桨的旋转运动决定。

1)当螺旋桨在静止的无人机上旋转时,相对气流的方向就是螺旋桨旋转的反方向,桨叶迎角和桨叶角是一样的,如图 4-39a 所示。

2)当无人机开始向前运动时,因为螺旋桨边旋转边前进,产生的相对气流不再直接对着螺旋桨桨叶运动,相对气流方向改变。一般情况下,迎角总是低于桨叶角,如图 4-39b 所示。

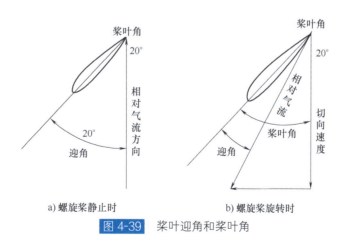

a) 螺旋桨静止时　　　　b) 螺旋桨旋转时

图 4-39 桨叶迎角和桨叶角

知识点 3:螺旋桨拉力及阻力产生的原理

1. 拉力及阻力产生原理分析

螺旋桨桨叶的剖面与固定翼无人机翼型相似,其产生拉力(推力)的原理也相似。

如图 4-40 所示，根据伯努利定理的内容，空气以一定的迎角流过桨叶时，流过桨叶叶背（前桨面），就像流过机翼上表面一样，流管变细，流速加快，压力降低；空气流过桨叶叶面（后桨面），就像流过机翼下表面一样，流管变粗，流速减慢，压力升高。流近桨叶前缘，气流受到阻挡，流速减慢，压力升高；流近桨叶后缘，气流分离，形成涡流区，压力降低。这样，在桨叶的前后桨面和前后缘均形成压力差。再加上气流作用于桨叶上的摩擦阻力，就构成了桨叶上的总空气动力 R。根据总空气动力对螺旋桨运动所起的作用，可将其分解成两个分力。一个是与桨轴平行、拉着螺旋桨和无

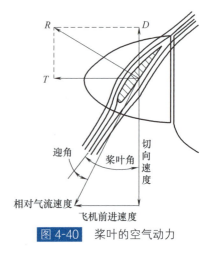

图 4-40　桨叶的空气动力

人机前进的拉力 T；另一个与桨轴垂直、阻碍螺旋桨旋转的旋转阻力 D。

各桨叶的拉力，其方向都相同，合起来就是整个螺旋桨的拉力，如图 4-41 所示。至于各桨叶的旋转阻力，其合力虽为零但因离桨轴都有一段距离，其方向又都与桨叶的旋转方向相反，故形成阻碍螺旋桨旋转的力矩，称之为旋转阻力矩 $M_{阻}$。这个力矩通常由发动机曲轴发出的旋转力矩 $M_{扭}$ 来平衡。当 $M_{扭}$ 小于 $M_{阻}$ 时，螺旋桨转速降低；当 $M_{扭}$ 大于 $M_{阻}$，螺旋桨转速增加；当 $M_{扭}$ 等于 $M_{阻}$，螺旋桨转速不变。

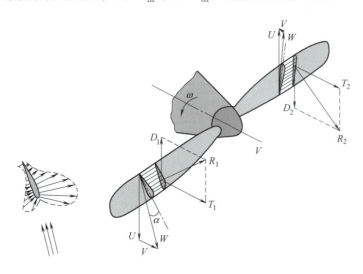

图 4-41　各桨叶的拉力和旋转阻力

2. 影响因素

影响螺旋桨的拉力和旋转阻力的因素与影响机翼的升力和阻力的因素非常类似，有桨叶迎角、飞行速度、空气密度、螺旋桨直径、桨叶数目、桨叶切面形状及维护使用情况等。

1）桨叶迎角的影响。与机翼迎角对升力、阻力的影响相似，在一定的桨叶迎角范围内，桨叶迎角增大，螺旋桨的拉力和旋转阻力增大；超过某一迎角（相当于机翼上的临界迎角）时，迎角增大，拉力减小，而旋转阻力继续增加。

2）飞行速度和空气密度的影响。与固定翼无人机中飞行速度和空气密度对机翼升力、阻力的影响一样，桨叶切面的合速度和空气密度增大，桨叶总空气动力增大，故拉力和旋转阻力增大；反之，则减小。

3）螺旋桨直径的影响。螺旋桨直径增大，一方面相当于增大了桨叶面积；另一方面还引起桨尖切向速度增大，而使合速度增大，故拉力和旋转阻力都将增大，但是，不能认为螺旋桨的直径越大越好，直径太大，导致桨尖速度接近声速，产生激波，不仅拉力不一定增大，旋转阻力还可能急剧增加。

4）桨叶数目的影响。桨叶数目增多，桨叶总面积增大，故拉力和旋转阻力增大。但桨叶数目过多，各桨叶之间干扰加剧，会使旋转阻力增加的倍数大大超过拉力增加的倍数，这对螺旋桨的工作是很不利的。

5）桨叶切面形状的影响。与机翼一样，在一定范围内增大桨叶切面的厚弦比和中弧曲度，也可使拉力和旋转阻力增加。

6）维护使用情况的影响。由于桨叶的相对气流速度很大，若使用维护不良，桨叶稍有变形和伤痕，都会使螺旋桨的空气动力性能显著降低，旋转阻力显著增加而拉力减小。因此，在维护使用中，保持好桨叶的外形，就显得更为重要。

知识点 4：多旋翼无人机的受力分析及飞行原理

多旋翼无人机是由每个轴的电动机旋转带动螺旋桨旋转产生升力的，依靠多旋翼整体产生的升力来平衡自身的重力，也是通过改变每个旋翼的转速来控制无人机的平稳和姿态。

多旋翼无人机的基本飞行姿态有垂直运动、滚转运动、俯仰运动、偏航运动四种，那么如何实现姿态改变的呢，下面分别以四旋翼 X 形和四旋翼十字形多旋翼无人机为例进行分析。

1. X 形四旋翼无人机飞行原理

（1）垂直运动　垂直运动分为上升运动和下降运动，当四旋翼无人机上升时，四个电动机转速增加，升力增加并大于重力，无人机上升。当四旋翼无人机下降时，四个电动机转速减小，升力减小并小于重力，无人机下降。

（2）滚转运动（左右运动）　滚转运动分为向左滚转和向右滚转，当四旋翼无人机向左滚转时，M_2 号和 M_3 号电动机转速降低，M_1 号和 M_4 号电动机转速增加，左侧升力小于右侧升力，无人机向左运动。当四旋翼无人机向右滚转时，M_1 号和 M_4 号电动机转速降低，M_2 号和 M_3 号电动机转速增加，右侧升力小于左侧升力，无人机向右运动，如图 4-42 所示。

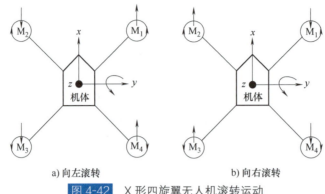

图 4-42 X 形四旋翼无人机滚转运动

（3）俯仰运动（前后运动）　俯仰运动分为向前和向后，当四旋翼无人机向前运动时，M_1 号和 M_2 号电动机转速降低，M_3 号和 M_4 号电动机转速增加，前侧升力小于后侧升力，无人机向前运动。当四旋翼无人机向后运动时，M_3 号和 M_4 号电动机转速降低，M_1 号和 M_2 号电动机转速增加，后侧升力小于前侧升力，无人机向后运动，如图 4-43 所示。

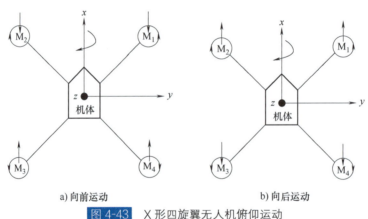

图 4-43 X 形四旋翼无人机俯仰运动

（4）偏航运动　偏航运动分为向左偏航和向右偏航，当四旋翼无人机向左偏航时，M_2 号和 M_4 号电动机转速增加，M_1 号和 M_3 号电动机转速减小，逆时针的反扭力矩大于顺时针的反扭力矩，所以四旋翼无人机向左偏航。当四旋翼飞机向右偏航时，M_1 号和 M_3 号电动机加速，M_2 号和 M_4 号电动机减速，顺时针的反扭力矩大于逆时针的反扭力矩，所以四旋翼飞机向右偏航，如图 4-44 所示。

2. 对十字形四旋翼无人机进行分析

（1）垂直运动　垂直运动与四旋翼 X 形无人机电动机转速一样，这里不再赘述。

（2）滚转运动　当四旋翼无人机向左滚转时，M_1 号和 M_3 号电动机转速不变，M_2

号电动机转速降低，M_4 号电动机转速增加；当四旋翼无人机向右滚转时，M_1 号和 M_3 号电动机转速不变，M_4 号电动机转速降低，M_2 号电动机转速增加，如图 4-45 所示。

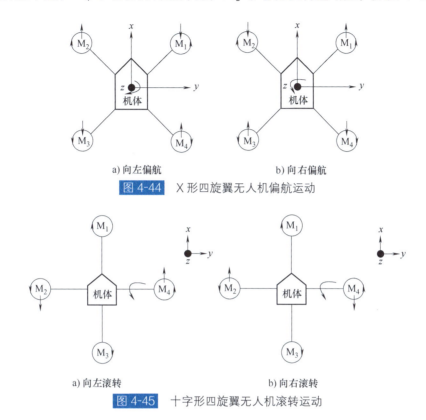

a) 向左偏航　　　　　　　　　b) 向右偏航

图 4-44　X 形四旋翼无人机偏航运动

a) 向左滚转　　　　　　　　　b) 向右滚转

图 4-45　十字形四旋翼无人机滚转运动

（3）俯仰运动（前后运动）　当四旋翼无人机向前运动时，M_2 号和 M_4 号电动机转速不变，M_1 号电动机速度降低，M_3 号电动机速度增加；当四旋翼无人机向后运动时，M_2 号和 M_4 号电动机转速不变，M_3 号电动机速度降低，M_1 号电动机速度增加，如图 4-46 所示。

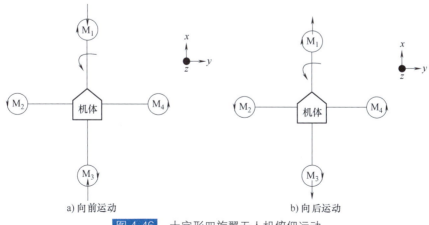

a) 向前运动　　　　　　　　　b) 向后运动

图 4-46　十字形四旋翼无人机俯仰运动

（4）偏航运动　十字形四旋翼无人机偏航运动原理与 X 形四旋翼无人机类似。当四旋翼无人机向左偏航时，M_1 号和 M_3 号电动机转速增加，M_2 号和 M_4 号电动机转速减小，逆时针的反扭力矩大于顺时针的反扭力矩，无人机向左偏航；当四旋翼无人机向右偏航时，M_2 号和 M_4 号电动机加速，M_1 号和 M_3 号电动机减速，顺时针的反扭力矩大于逆时针的反扭力矩，无人机向右偏航。

任 务 核 验

一、选择题

1. 关于螺旋桨的剖面形状（翼型），下面说法正确的是（　　）。
   A. 上下翼面的弯度相同
   B. 机翼上表面的弯度小于下表面的弯度
   C. 机翼上表面的弯度大于下表面的弯度

2. 4 轴飞行器有模式两大类，"X" 模式和 "+" 模式，其中（　　）。
   A. "+" 模式操纵性好
   B. "X" 模式操纵性好
   C. 两种模式操纵性没有区别

3. 某螺旋桨是正桨，是指（　　）。
   A. 从多轴飞行器下方观察，该螺旋桨逆时针旋转
   B. 从多轴飞行器上方观察，该螺旋桨顺时针旋转
   C. 从多轴飞行器上方观察，该螺旋桨逆时针旋转

4. 在升高与下降过程中，无人直升机与多轴飞行器表述正确的是（　　）。
   A. 无人直升机主要改变旋翼总距，多轴飞行器主要改变旋翼转速
   B. 无人直升机主要改变旋翼总距，多轴飞行器主要改变旋翼总距
   C. 无人直升机主要改变旋翼总距，多轴飞行器主要改变旋翼转速

5. 多轴飞行器的螺旋桨（　　）。
   A. 桨根处线速度小于桨尖处线速度
   B. 桨根处线速度大于桨尖处线速度
   C. 桨根处线速度等于桨尖处线速度

6. 下面关于多轴旋翼的说法错误的是（　　）。
   A. 本质上讲旋翼是一个能量转换部件，它把电动机传来的旋转动能转换成旋翼拉力
   B. 旋翼的基本功能是产生拉力
   C. 旋翼的基本功能是产生前进动力

7. 悬停姿态的四轴飞行器实现向左移动的方法是（　　）。
   A. 纵轴右侧的螺旋桨减速，纵轴左侧的螺旋桨加速

B. 纵轴右侧的螺旋桨加速，纵轴左侧的螺旋桨减速

C. 纵轴前侧的螺旋桨减速，纵轴后侧的螺旋桨加速

二、完成工作页中"项目 4——工作任务 3 探究多旋翼无人机飞行原理"相关内容。

三、简答题

1. 简述多旋翼无人机螺旋桨克服反扭力矩的方式，可用四旋翼无人机为例进行阐述。

2. 简述 X 形四旋翼无人机的飞行原理。

项目 5　旋翼无人机飞行品质与飞行性能

飞行品质是研究飞行器作为质点系在外力和外力矩的作用下的运动特性，用于确定飞行器的稳定性和操纵性，旋翼无人机的飞行品质及飞行性能包括飞行平衡、稳定性和操纵性等。这些品质和特性主要涉及旋翼无人机在飞行中的受力情况，其运动方程除了要考虑力的平衡以外，还要考虑到作用于旋翼无人机上力矩的平衡，因此分析时把整架旋翼无人机当作一个质点系来考虑力和力矩的平衡。

本项目主要以无人直升机这一平台来介绍旋翼无人机的飞行品质与飞行性能，包括：无人直升机受力分析，无人直升机的平衡，无人直升机的稳定性和操纵性等。

任务 1　无人直升机受力分析

 知识目标

1. 掌握无人直升机的机体坐标系。
2. 掌握无人直升机飞行中的受力分析。
3. 掌握无人直升机操纵系统。

 任务描述

无人直升机所有的运动和转动都可以看成是绕机体坐标轴的运动或转动。机体坐标系是整个机体的力、力矩、加速度、速度等状态量的参考坐标系，通常规定以飞行器质心的位置作为其原点，是典型的右手坐标系。

本任务主要介绍无人直升机机体坐标系以及受力分析。

任务学习

知识点1：无人直升机的机体坐标系

为研究无人直升机在空中的转动，通常以机体为准，通过无人直升机重心假定三条互相垂直的轴线，称为无人直升机的机体轴，如图5-1所示。其坐标原点在无人直升机的重心，轴系的三个轴分别用x、y、z表示。

x轴穿过无人直升机重心，指向前方，绕x轴的旋转称为滚转；y轴穿过无人直升机重心，指向上方，绕y轴的旋转称为偏航；z轴穿过无人直升机重心，指向右方，并与x轴和y轴都垂直，绕z轴的旋转称为俯仰。

把作用在无人直升机上的力矩沿机体的三个坐标轴进行分解，得到三个力矩分量，即俯仰力矩、偏航力矩和滚转力矩（见图5-1）。

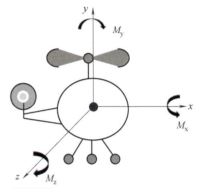

图5-1 无人直升机的机体坐标系

（1）俯仰力矩 M_z 俯仰力矩的作用是使无人直升机绕横轴做抬头或低头的转动。

（2）偏航力矩 M_y 偏航力矩的作用是使无人直升机绕立轴做旋转运动。

（3）滚转力矩 M_x 滚转力矩的作用是使无人直升机绕纵轴做滚转运动。

知识点2：无人直升机飞行中所受的外力

无人直升机在飞行中受到许多外力的综合作用，包括空气动力和重力，以及当无人直升机有加速度时的惯性力。其中重力G和惯性力的合力作用在无人机的重心，空气动力则作用于各个气动面上。

1. 重力

无人直升机各部件、油料、货物等重力的合力就是无人直升机的重力G。无人直升机重力的着力点，叫作重心，如图5-2所示。

重心位置随着载重的增减、燃料的消耗等而改变。在无人直升机重心前（后）增加重量时，重心位置就会向前（后）移动。外挂物资时，重心位置向下移动。但是，只要无人直升机载重的数量和位置不变，无论姿态怎样变化重心位置总是不变的。

图5-2 无人直升机的重力

2. 无人直升机的旋翼力

无人直升机的旋翼力是将旋翼桨叶和桨毂上的空气动力及离心力合成而成的。

（1）拉力　沿旋翼旋转轴向上为正，是各片桨叶的升力在旋转轴上投影的合成。

（2）后向力　在桨毂旋转面内指向无人直升机的正后方。后向力来自桨尖平面的后行、前行桨叶与后退桨叶的翼型阻力之差，以及旋翼纵向挥舞与旋翼入流相结合所造成的剖面升力倾斜。

（3）侧向力　在桨毂旋转面内指向方位角90°的方向。侧向力来自桨尖平面的倾斜以及旋翼横向挥舞与旋翼入流相结合所造成的剖面升力倾斜。

（4）反扭力矩　与旋翼旋转方向相反，由旋翼的旋转阻力（包括型阻和诱导阻力）形成。反扭力矩力图使无人直升机机体相对于旋翼反方向旋转，因此须由尾桨拉力对重心的力矩与之平衡才能保持无人直升机的方向。当二者不平衡时，无人直升机改变方向。

（5）桨毂力矩　对于挥舞铰不在旋转中心的旋翼，桨叶离心力引起的与挥舞铰有关的力矩，与挥舞铰偏置量成正比。桨毂力矩主要包括附加的俯仰力矩和附加的滚转力矩。

18. 旋翼及尾桨的运动

3. 无人直升机其他部件的空气动力

（1）尾桨拉力和反扭力矩　尾桨的空气动力与旋翼类似，其中拉力对无人直升机的航向配平和操纵起决定性作用，对于侧倾姿态和侧向配平也有重要影响。尾桨反扭力矩来自尾桨的旋转阻力，构成无人直升机的俯仰力矩的一部分。尾桨的其他因素，如后向力、侧向力等，因量值小对无人直升机配平影响不大，一般忽略不计。

（2）机身空气动力　无人直升机机身形状比较复杂，一般把机身的空气动力合称为作用于无人直升机重心的六力素，其中：升力、阻力分别垂直于和平行于相对气流方向，侧向力垂直于升力及阻力，机身气动力矩的3个力矩分量是俯仰力矩、滚转力矩和偏航力矩。机身的空气动力是不可操纵的，但对于无人直升机的配平和稳定性有影响。

（3）平尾升力和阻力　平尾升力垂直于平尾处的相对气流，阻力平行于相对气流。平尾自身对重心的力矩很小，一般忽略不计。平尾的升力对无人直升机的配平俯仰姿态和俯仰稳定性起重要作用。

（4）垂尾升力和阻力　垂尾升力是无人直升机的侧向力，对航向配平和航向稳定性起重要作用。有时把垂尾作为机身的一部分，其空气动力不单独列出。

知识点3：无人直升机自动倾斜器和电动操纵系统

1. 自动倾斜器

旋翼是无人直升机最重要的操纵面，由自动驾驶仪操纵指令控制旋翼拉力的大小和方向，实现对无人直升机的主要飞行操纵。除了多旋翼无人机以外，常规形式一般采用自动倾斜器来改变旋翼桨叶的桨距，如图5-3所示。

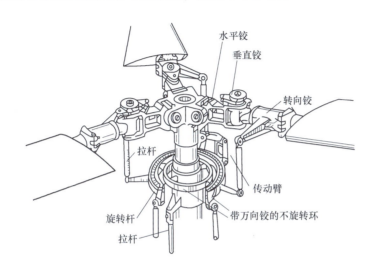

19. 直升机自动倾斜器工作原理

图 5-3　自动倾斜器

自动倾斜器的旋转环跟桨叶同步旋转，并有变距拉杆分别与每片桨叶相连。不旋转环与总距杆相连，并带动旋转环一同旋转或沿旋翼轴上下滑动。自动驾驶仪操纵总距杆使自动倾斜器整体上下移动，即同时同等地改变各片桨叶的桨距，以控制旋翼拉力的大小；周期变距杆与不旋转环相连，自动驾驶仪操纵变距杆向任何方向偏转，则带动旋转环倾斜，实现桨叶的周期变距，从而控制旋翼拉力的倾斜方向。

2. 电动操纵系统

在操纵系统方面，无人直升机一般采用电动操纵系统，即无人直升机上的舵系统。舵系统是一个典型的机电一体化伺服机构系统，受到无人机上自动驾驶仪指令控制，主要包括舵机的位置、速度、电流环控制回路和起功率放大作用的驱动器，以及配合好的电动机和减速器，由减速器的输出通过变距拉杆来操纵旋翼的桨距，进而达到控制无人直升机飞行的目的。

一、选择题

1. 分析无人直升机的受力，采用（　　　）。

A. 机体坐标系　　　B. 大地坐标系　　　C. 地理坐标系

2. 无人直升机一般采用（　　）来改变旋翼桨叶的桨距。

　　A. 尾桨　　　　　B. 自动倾斜器　　　C. 主旋翼

3. 下列属于无人直升机旋翼力的是（　　）。

　　A. 拉力　　　　B. 后向力　　　　C. 侧向力　　　　D. 以上都是

4. 下列关于重心的描述不正确的是（　　）。

　　A. 重心位置随着载重的增减而变化

　　B. 重心位置随着燃料的消耗而变化

　　C. 重心位置随着飞行姿态的变化而变化

5. （　　）的作用是使无人直升机绕立轴做旋转运动。

　　A. 俯仰力矩　　　B. 偏航力矩　　　C. 滚转力矩

6. （　　）的作用是使无人直升机绕横轴做旋转运动。

　　A. 俯仰力矩　　　B. 偏航力矩　　　C. 滚转力矩

二、完成工作页中"项目5——工作任务1　探究无人直升机的受力"相关内容。

三、简答题

1. 简述无人直升机机体坐标系及力矩。

2. 简述无人直升机飞行中的受力。

任务2　无人直升机的平衡

知识目标

1. 掌握无人直升机的俯仰平衡、方向平衡、横向平衡的概念及条件。
2. 掌握各平衡力矩的来源。
3. 理解影响平衡的因素。

任务描述

无人直升机的平衡，包括作用力的平衡和力矩平衡两个方面。无人直升机在飞行中，速度的变化，直接与作用于无人直升机的各力有关；绕重心转动角速度的变化，则直接与作用于无人直升机的各力矩有关。无人直升机的平衡主要包括俯仰平衡、方向平衡和横侧平衡，本任务主要介绍这三种平衡。

任务学习

知识点1：无人直升机的俯仰平衡

无人直升机的俯仰平衡，是指作用于无人直升机的各俯仰力矩之和为零，即 $\sum M_z=0$，无人直升机取得俯仰平衡后，不绕横轴转动。

1. 无人直升机的俯仰力矩

作用于"单旋翼+尾桨"式的无人直升机的俯仰力矩较多，有旋翼俯仰力矩、水平安定面力矩、机身力矩和尾桨的反作用力矩等。其中尾桨反作用力矩一般对俯仰平衡影响较小，可以忽略，这里不做讨论。

（1）旋翼俯仰力矩　旋翼产生的俯仰力矩，就是旋翼拉力 T 绕无人直升机重心所构成的下俯力矩，用 $M_{z旋翼}$ 来表示，如图5-4所示。

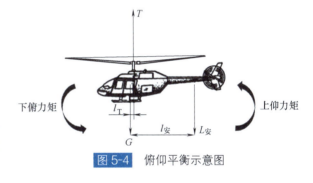

图 5-4　俯仰平衡示意图

根据力矩公式，有

$$M_{z旋翼}=Tl_T$$

式中，l_T 为旋翼拉力 T 至无人直升机重心的距离，即旋翼拉力的力臂。

无人直升机的重心一般都位于旋翼拉力作用线之前（见图5-4），形成下俯力矩。旋翼的拉力 T 越大，或者旋翼拉力作用线至重心的距离 l_T 越远，则下俯力矩越大。如果重心位于旋翼拉力作用线之后，则旋翼拉力对重心形成上仰力矩。

（2）水平安定面力矩　水平安定面力矩，是指由水平安定面升力 $L_安$ 对无人直升机重心所形成的上仰力矩，用 $M_{z安}$ 表示，如图5-4所示。根据力矩公式，有

$$M_{z安}=L_安 l_安$$

式中，$l_安$ 为水平安定面升力至无人直升机重心的距离，即水平安定面升力的力臂。

水平安定面通常是负的安装角或翼型向下弯曲，所以在正常飞行条件下，水平安定面产生向下的升力 $L_安$，如图5-4所示，对重心形成上仰力矩。

（3）机身力矩　机身力矩 $M_{z机身}$ 的大小和方向，与无人直升机的机身形状和飞行状态有关，一般情况下，在悬停和小速度飞行时，为上仰力矩，大速度飞行时为下俯力矩。

2. 无人直升机俯仰平衡的条件

根据俯仰平衡的概念，可知无人直升机俯仰平衡的条件为

$$M_{z旋翼}+M_{z安}+M_{z机身}=0 \quad 或 \quad M_{上仰}=M_{下俯}$$

若上仰力矩大于下俯力矩，则无人直升机上仰运动；反之，则下俯运动。

3. 影响无人直升机俯仰平衡的因素

影响直升机俯仰平衡的因素较多，主要有桨距角、飞行速度和重心位置等。

（1）桨距角　桨距角是指桨叶剖面弦线与桨盘平面（桨尖轨迹平面）之间的夹角，如图5-5所示。桨距角是个机械角度，大小由遥控器或者飞控输出操纵量直接决定。

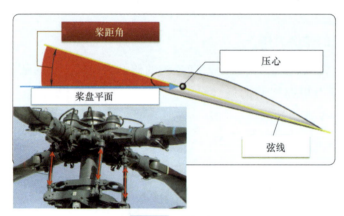

图5-5　桨距角

当通过拉杆改变桨距角时，桨叶迎角随之改变。当迎角增大时，拉力增大，旋翼俯仰力矩增大；反之，桨叶迎角减小时，拉力减小，旋翼俯仰力矩减小。

（2）飞行速度　当无人直升机飞行速度增大时，因相对气流不对称性增大，旋翼锥体后倾量将增大，从而改变旋翼俯仰力矩。重心在拉力作用线之前，随着速度增大，旋翼所形成的下俯力矩减小；重心在拉力作用线之后，随着速度增大，旋翼所形成的上仰力矩增大。

无人直升机随着飞行速度的增大，水平安定面的迎角逐渐向临界迎角靠近，$L_{安}$增大，水平安定面所形成的上仰力矩增大。

无人直升机随着飞行速度的增大，机身逐渐前倾，机身前部的阻力增大，当机身阻力作用线通过重心下方时，机身力矩从上仰变成下俯。

（3）重心位置　无人直升机重心位置前后移动，主要影响到拉力作用线至重心的距离，从而使$M_{z旋翼}$的大小发生变化，影响无人直升机的俯仰平衡。

知识点2：无人直升机的方向平衡

方向平衡，是指作用于无人直升机的各偏转力矩之和为零，即$\sum M_y=0$ 或

$M_{Y左}=M_{Y右}$，无人直升机取得方向平衡后，不绕立轴转动或只作等速转动。

1. 无人直升机的方向力矩

"单旋翼+尾桨"式的无人直升机，方向力矩主要是旋翼的反作用力矩和尾桨拉力形成。

（1）旋翼的反作用力矩　发动机带动旋翼旋转，旋翼不断地拨动空气，给空气以作用力矩，空气必以大小相同、方向相反的力矩作用于旋翼，这就是旋翼的反作用力矩 M_K。旋翼的反作用力矩传送到机身上，就会使直升机向旋翼旋转的相反方向偏转，如图 5-6 所示。

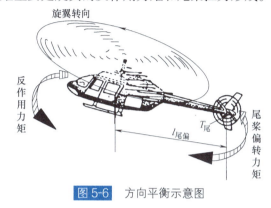

图 5-6　方向平衡示意图

旋翼的反作用力矩决定于旋翼旋转所需功率和旋翼转速。旋翼所需功率，由发动机的功率提供。即在旋翼转速一定时，旋翼反作用力矩的大小与发动机输送给旋翼的功率有关，发动机带动旋翼旋转所消耗的功率越大，旋翼的反作用力矩越大。

（2）尾桨的偏转力矩　尾桨所产生的拉力 $T_尾$，对无人直升机重心所形成的力矩，称为尾桨偏转力矩 $M_{T尾}$。根据力矩公式有

$$M_{T尾}=T_尾 l_{尾偏}$$

可见，尾桨拉力越大，尾桨偏转力矩越大。飞行中，可通过改变尾桨桨叶的桨距角来调整尾桨拉力的大小。尾桨桨叶桨距角增大，尾桨拉力增大；桨距角减小，尾桨拉力减小，从而改变尾桨的偏转力矩。

2. 无人直升机方向平衡的条件

根据方向平衡的概念，可知无人直升机方向平衡的条件为：无人直升机的旋翼反作用力矩等于尾桨偏转力矩，即 $M_{T尾}=M_K$。

知识点 3：无人直升机的横侧平衡

无人直升机的横侧平衡，是指作用于无人直升机的各滚转力矩之和为零，即 $\sum M_X=0$ 或 $M_{X左}=M_{X右}$，无人直升机取得横侧平衡后，不绕纵轴转动。

1. 无人直升机的滚转力矩

（1）尾桨拉力形成的滚转力矩　当尾桨旋转轴与重心位置不在一条直线上时，无人直升机的尾桨拉力对重心除产生方向力矩外，还会产生绕纵轴的滚转力矩 $M_{X尾}$。如图 5-7 所示，尾桨旋转轴位于重心之上，形成右滚力矩。

根据力矩公式，尾桨拉力产生的滚转力矩可表示为

$$M_{x尾} = T_{尾} l_{尾}$$

式中，$l_{尾}$ 为尾桨拉力至纵轴的距离，即力臂。

（2）旋翼锥体倾斜产生的滚转力矩　操纵无人直升机使之旋翼锥体倾斜，由于旋翼拉力与锥体轴方向一致，所以，在旋转到旋翼锥体倾斜时，拉力也随之倾斜。如图 5-7 所示，将拉力 T 分解为垂直面内的分力 T_1 和在水平面内的分力 T_2，它们对纵轴都会形成滚转力矩。当锥体左倾，T_1 对纵轴形成右滚力矩，T_2 对纵轴会形成左滚力矩。反之，锥体右倾，T_1 对纵轴形成左滚力矩，T_2 对纵轴形成右滚力矩。锥体倾斜所形成的滚转力矩，可用下式表示

图 5-7　横侧平衡示意图

$$M_{x锥体} = T_2 l_2 - T_1 l_1$$

式中，l_2 为旋翼拉力分力 T_2 至纵轴的距离；l_1 为旋翼拉力分力 T_1 至纵轴的距离。

2. 无人直升机横侧平衡条件

根据横侧平衡的概念，可知无人直升机横侧平衡的条件为：无人直升机的尾桨拉力滚转力矩等于旋翼锥体倾斜产生的滚转力矩，即 $M_{T尾} = M_K$。

任 务 核 验

一、选择题

1. 无人直升机的平衡主要包括（　　）。
　　A. 俯仰平衡　　　　B. 方向平衡　　　　C. 横侧平衡　　　　D. 以上都是
2. 旋翼拉力一般位于重心之后，形成（　　）。
　　A. 上仰力矩　　　　B. 下俯力矩　　　　C. 左转力矩　　　　D. 右转力矩
3. 若上仰力矩大于下俯力矩，则无人直升机（　　）。
　　A. 下俯　　　　　　B. 上仰　　　　　　C. 左转　　　　　　D. 右转
4. 影响无人直升机俯仰平衡的因素较多，主要有（　　）。
　　A. 桨距　　　　　　B. 飞行速度　　　　C. 重心位置　　　　D. 以上都是
5. 单旋翼带尾桨式的无人直升机，方向力矩主要是（　　）。
　　A. 旋翼的反作用力矩　　B. 尾桨拉力的方向力矩　　　　　　C. 以上都是
6. 旋翼反作用力矩的大小与发动机输送给旋翼的功率有关，发动机带动旋翼旋转所消耗的功率越大，旋翼的反作用力矩（　　）。

  A. 越大   B. 越小   C. 相等   D. 不能确定

7. 无人直升机横侧平衡的条件为（   ）。

  A. 无人直升机的尾桨拉力滚转力矩等于旋翼锥体倾斜产生的滚转力矩

  B. 无人直升机的旋翼反作用力矩等于尾桨偏转力矩

  C. 无人直升机的上仰力矩等于下俯力矩

二、完成工作页中"项目 5——工作任务 2 探究无人直升机的平衡"相关内容。

三、简答题

1. 简述无人直升机俯仰力矩及影响因素。

2. 简述无人直升机横向平衡的条件。

任务 3   无人直升机的稳定性

知识目标

1. 掌握无人直升机稳定性概念及条件。
2. 掌握各稳定力矩及阻转力矩的来源。
3. 理解影响稳定性的因素。

任务描述

  稳定性是无人直升机的一种运动属性，是在平衡的前提下定义的。无人直升机的稳定性是指在飞行中受微小扰动偏离了原来平衡状态，扰动消失后，不经人为操纵，能自动恢复到原来平衡状态的特性。由于无人直升机能前飞、悬停及后退飞行，在不同飞行状态下其稳定性有所区别，本任务将分类进行讨论学习。

任务学习

知识点1：无人直升机在前飞中的稳定性

1. 俯仰稳定性

俯仰稳定性是指无人直升机在飞行中，受扰动偏离俯仰平衡状态，当扰动消失后，能自动恢复原来俯仰平衡状态的特性。

（1）俯仰稳定力矩　无人直升机的俯仰稳定力矩，主要是由水平安定面产生。如图5-8所示，当无人直升机受到气流扰动机头上仰，使机身迎角增大，水平安定面的迎角也增大。在相对气流作用下，水平安定面产生一个向上的附加升力 $\Delta L_安$，对重心形成稳定力矩，使机头下俯而趋于恢复原来的迎角。

图5-8　俯仰稳定力矩

同理，如果无人直升机受扰动后机身迎角减小，水平安定面的迎角也减小，此时安定面上产生一个向下附加升力 $\Delta L_安$，对重心形成稳定力矩，使机头上仰而趋于恢复原来的迎角。

（2）俯仰阻转力矩　在无人直升机俯仰转动过程中，阻尼力矩主要由旋翼产生。如图5-9所示，无人直升机机头开始上仰的瞬间，由于旋转中的旋翼具有定轴性，旋翼锥体仍力图保持原来方向，使旋翼锥体轴线相对于重心前移，旋翼拉力作用线相对于重心位置的力臂增长，从而产生阻止机头上仰的阻转力

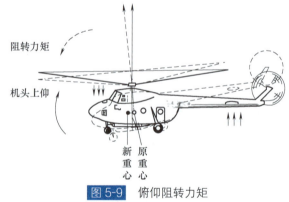

图5-9　俯仰阻转力矩

矩。同理，机头下俯时，由于旋翼定轴性的作用，会使旋翼拉力对重心形成阻止机头下俯的阻转力矩。

无人直升机在俯仰转动中，除了旋翼能产生阻转力矩外，水平安定面、机身等也能产生阻转力矩。在俯仰稳定力矩和俯仰阻转力矩共同作用下，无人直升机有可能恢复到原来的俯仰平衡状态。

2. 方向稳定性

方向稳定性是指无人直升机在飞行中，受到扰动偏离了方向平衡状态，当扰动消失

后，能自动恢复原来方向平衡状态的特性。

"单旋翼+尾桨"式的无人直升机的方向稳定力矩主要由尾桨产生，如图 5-10 所示。无人直升机在前飞中，受扰动后机头左偏，无人直升机仍按原来方向运动而出现右侧滑，这时相对气流从无人直升机右前方吹来，形成与尾桨旋转面垂直的气流分速度（v_n），使尾桨的桨叶迎角减小，产生向左的附加拉力 $\Delta T_{尾}$。此力对重心形成方向稳定力矩，力图使机头向右偏转，消除侧滑。

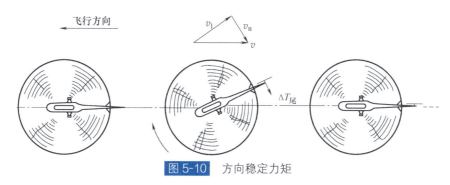

图 5-10　方向稳定力矩

同理，外界扰动使无人直升机出现左侧滑时，垂直于尾桨旋转面的气流分速度，使尾桨桨叶迎角增大，产生向右的附加拉力（$\Delta T_{尾}$），对重心形成方向稳定力矩，力图使机头左偏转，消除侧滑。

至于在后退飞行或顺风悬停中，由于相对气流与前飞中方向相反，尾桨的作用是不安定的，所以对此飞行状态要受到一定限制。

3. 横向稳定性

横向稳定性是指无人直升机在飞行中受扰动偏离横侧平衡状态，当扰动消失后，能自动恢复原来横侧平衡状态的特性。

无人直升机的横侧稳定力矩主要由旋翼和尾桨产生，如图 5-11 所示。

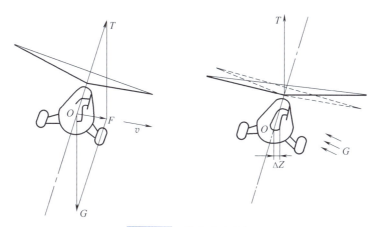

图 5-11　横向稳定力矩

当横侧平衡因受到扰动被破坏后,如果滚转形成右坡度,在旋翼拉力 T 和直升机重力 G 的合力 F 的作用下,会使直升机出现右侧滑。由于右侧滑形成的侧向相对气流,将使旋翼锥体及拉力 T 相对于机身向左倾斜,于是对重心形成使直升机向左滚转的稳定力矩。对尾桨来说,在直升机右侧滑时,侧向相对气流将使尾桨的桨叶迎角增大,拉力增加,也会形成使直升机向左滚转的安定力矩。

综合来讲,与固定翼无人机相比,由于无人直升机的构造和运动特点,其横侧稳定性、方向稳定性和俯仰稳定性较差,悬停状态的稳定性更差。

知识点 2:无人直升机在悬停中的稳定性

在悬停中,由于无人直升机的飞行速度为零,水平安定面和尾桨都失去了产生稳定力矩的条件。因此无人直升机的俯仰、方向和横侧都是不稳定的。

虽然无人直升机在悬停中是不稳定的,摆动的幅度随时间而扩大,但在设计上已作了考虑,保证摆动幅度增大不致过快。一般来讲,摆动幅度每扩大一倍,需要经过几秒到十几秒,这就保证有足够时间进行修正。

总之,无人直升机的稳定性比较差,特别在悬停状态时,稳定性更差,甚至出现不稳定现象;加上各种扰动因素,每时每刻都在破坏无人直升机的平衡。

任 务 核 验

一、选择题

1. 无人直升机的稳定性与固定翼无人机相比(　　)。
   A. 较差　　　　B. 较好　　　　C. 差不多　　　　D. 视飞行情况而定
2. 无人直升机的横侧稳定力矩主要由(　　)产生。(多选题)
   A. 旋翼　　　　B. 尾桨　　　　C. 平尾　　　　D. 机身
3. "单旋翼+尾桨"式的无人直升机的方向稳定力矩主要由(　　)产生。
   A. 旋翼　　　　B. 尾桨　　　　C. 平尾　　　　D. 机身
4. 在无人直升机俯仰转动过程中,阻尼力矩主要由(　　)产生。
   A. 旋翼　　　　B. 尾桨　　　　C. 平尾　　　　D. 机身
5. (　　)是指飞行中受微小扰动偏离了原来平衡状态,在扰动消失后,不经人为操纵,能自动恢复到原来平衡状态的特性。
   A. 平衡性　　　　B. 稳定性　　　　C. 操作性　　　　D. 质量守恒
6. 在(　　)和(　　)共同作用下,无人直升机有可能恢复到原来的俯仰平衡状态。
   A. 俯仰稳定力矩　　　　　　　　B. 俯仰阻转力矩
   C. 横向稳定力矩　　　　　　　　D. 横向阻转力矩

二、完成工作页中"项目 5——工作任务 3 探究无人直升机的稳定性"相关内容。

三、简答题

1. 简述无人直升机稳定性的概念及重要性。

2. 简述无人机直升机的俯仰稳定性。

3. 简述无人机直升机方向稳定力矩与方向阻转力矩的来源。

任务 4 无人直升机的操纵性

 知识目标

1. 掌握无人直升机操纵性的概念及原理。
2. 掌握无人直升机操纵的特点。
3. 掌握无人直升机的操纵方式。

 任务描述

无人直升机的操纵性是指自动驾驶仪通过伺服机构对其施加力和力矩,以保持无人直升机在有阵风的空气中保持定常飞行状态,或者完成所规定的机动飞行能力。

本任务主要学习操纵性概念、无人直升机操纵原理。

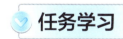 任务学习

知识点 1:基本概念

1. 操纵性概念

操纵性是研究无人直升机在自动驾驶仪操纵后飞行状态改变的动态过程。该过程是

非定常的，其运动特性随时间呈不规则的随机性变化。无人直升机操纵特性与操纵输入量有关，该操纵输入控制着无人直升机从一种飞行状态过渡到另一种飞行状态。无人直升机的操纵性可以用操纵功效和操纵灵敏度来衡量。

（1）操纵功效　操纵功效是指为了从定常配平飞行状态作机动或者为了补偿大的突风扰动，自动驾驶仪可以利用总的力或者力矩。

（2）操纵灵敏度　操纵灵敏度是指单位操纵运动所产生的飞行器加速度或者定常速度。在确定操纵的精确度时，灵敏度有重要的意义。

2. 操纵方式简述

无人直升机的纵向和横向操纵力矩，是由自动驾驶仪通过伺服机构改变自动倾斜器的倾斜角来实现的；航向操纵力矩则是由自动驾驶仪通过伺服机构改变尾桨桨距来实现。

3. 无人直升机操纵的特点

1）无人直升机具有六个运动自由度，即沿 x、y、z 三个直角坐标轴方向的移动自由度和绕这三个坐标轴的转动自由度；但无人直升机只有四个直接的飞行操纵力，即旋翼的拉力、后向力、侧向力和尾桨拉力，以及一个对发动机转速或功率控制的操纵，因此对各自由度的控制并非彼此独立。如对于挥舞绞偏置的旋翼，在改变后向力和侧向力的同时，也改变了桨毂力矩。

2）无人直升机对操纵的响应存在各轴之间的严重耦合（对扰动的响应也是如此），须由自动驾驶仪或自动增控增稳系统的修正动作予以消除。

3）无人直升机的升降、俯仰、滚转操纵，皆通过旋翼挥舞这一环节，所以响应滞后较大，而且挥舞惯性抑制了对于高频操纵输入的响应，起着过滤器的作用。

知识点 2：无人直升机的操纵

无人直升机在空中飞行时具有六个自由度，自动驾驶仪并不能对这六个自由度全部实施单独的或彼此完全独立的控制。但无人直升机一般都配有自动倾斜器，这样自动驾驶仪可以操纵无人直升机实现所需要的任何飞行状态。无人直升机的操纵方式见表 5-1。

表 5-1　无人直升机的操纵方式

自由度	无人直升机运动	操纵机构	气动操纵面	操纵力
垂直方向	升降	总距伺服机构	旋翼	旋翼的拉力
纵向	俯仰、进退	纵向伺服机构	旋翼	后向力、桨毂附加俯仰力矩
横向	滚转、侧移	横向伺服机构	旋翼	侧向力、桨毂附加滚转力矩
航向	转向	转向伺服机构	尾桨	尾桨拉力

（1）无人直升机的垂直飞行　无人直升机的垂直飞行通过变总距来实现。即无人

直升机的悬停、垂直上升和垂直下降，都是通过总距伺服机构同时改变各片桨叶安装角（桨距）的大小，继而改变旋翼升力的大小来实现的，如图 5-12 所示。在桨叶速度保持不变时，增加桨叶叶迎角（桨距）会产生额外的垂直升力和拉力，因此无人直升机会上升。减小桨距会导致无人直升机下降。

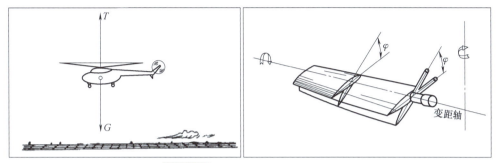

图 5-12　无人直升机的垂直飞行

（2）无人直升机的前飞、侧飞及后飞　无人直升机的前飞、侧飞、后飞是通过周期变距实现无人直升机的滚转、俯仰、进退和侧移的，即通过调整旋翼桨盘向所需飞行方向倾斜，产生所需方向的水平分力，从而实现该方向的水平飞行，如图 5-13 所示。

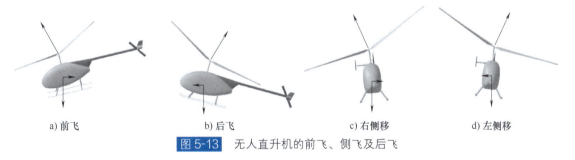

a) 前飞　　　　b) 后飞　　　　c) 右侧移　　　　d) 左侧移

图 5-13　无人直升机的前飞、侧飞及后飞

（3）无人直升机的转向　无人直升机主要通过转向伺服机构改变尾桨安装角（桨距）的大小，改变尾桨拉力的大小，实现转向。

不难发现，旋翼是无人直升机最主要的操纵面，纵向、横向和垂直方向的操纵力都由旋翼提供。同时，旋翼又是无人直升机的主要升力面，产生使无人直升机飞行最主要的空气动力。因此旋翼系统处于重要地位，但是也有不良特征，如操纵耦合。比如在改变旋翼拉力实现无人直升机垂直运动时，拉力的改变会同时造成无人直升机俯仰力矩的变化，引起纵向运动。

显然与固定翼无人机相比，无人直升机的操纵特性明显不同。固定翼无人机各运动轴的操纵面彼此独立，升降舵提供俯仰力矩，方向舵产生偏航力矩，副翼差动使无人机滚转，螺旋桨拉力使无人机前进，它们各司其职互不干扰，而且固定翼无人机的机翼（主要升力面）不参与操纵，这些优点使固定翼无人机的操纵特性远优于无人直升机。

任务核验

一、选择题

1. （　　）是研究无人直升机在自动驾驶仪操纵后的飞行状态改变的动态过程。
   A. 操纵性　　　　　B. 平衡性　　　　　C. 稳定性　　　　　D. 自适应性

2. 无人直升机具有（　　）个运动自由度。
   A. 四个　　　　　　B. 五个　　　　　　C. 六个　　　　　　D. 七个

3. 无人直升机的垂直运动依靠的是（　　）操纵机构。
   A. 变距　　　　　　B. 摆阵　　　　　　C. 挥舞　　　　　　D. 总距伺服机构

4. 无人直升机的俯仰、进退运动依靠的是（　　）操纵机构。
   A. 变距　　　　　　B. 摆阵　　　　　　C. 挥舞　　　　　　D. 总距伺服机构

5. 无人直升机的滚转、侧移运动依靠的是（　　）操纵机构。
   A. 变距　　　　　　B. 摆阵　　　　　　C. 挥舞　　　　　　D. 总距伺服机构

6. 无人直升机的转向运动依靠的是（　　）操纵机构。
   A. 变距　　　　　　B. 摆阵　　　　　　C. 挥舞　　　　　　D. 总距伺服机构

7. （　　）可以实现无人直升机的滚转、俯仰、进退和侧移。
   A. 变飞行方向　　　B. 变飞行速度　　　C. 变总距　　　　　D. 周期变距

二、完成工作页中"项目 5——工作任务 4　探究无人直升机的操纵性"相关内容。

三、简答题

1. 简述无人直升机前飞、侧飞及后飞的操纵原理。

2. 简述与固定翼无人机相比，无人直升机的操纵性特点。

项目 6　复合翼无人机

  随着军民融合战略的推进，近年来工业级无人机在民用领域获得了突飞猛进的发展，被广泛应用于安防、测绘、能源和环境等各个领域。按照构型的不同，常见的无人机可以大致分为三类：无人直升机、多旋翼无人机和固定翼无人机。无人直升机在载重、续航等指标上有着突出的优势，但其动力和操纵都来自旋翼，机构异常复杂，导致成本高，可靠性低，限制了无人直升机的推广；多旋翼无人机兴起于消费娱乐领域，其构型简单，零部件成品化高，技术门槛相对较低，但航时和航程短的缺点极大地限制了其应用场景；固定翼无人机具备效率高、速度快、航时长、航程远和可靠性高等优点，但其对起降条件要求高，且辅助保障设备多，部署任务所需的时间长。

  复合翼无人机作为近年来工业级无人机的新兴产品，融合了多旋翼无人机和固定翼无人机的特点，具有无需跑道、续航长、安全性高、制造难度低等优点，正在成为今后发展的新趋势。

  本项目主要围绕复合翼无人机的飞行原理展开学习，主要介绍什么是复合翼无人机、复合翼无人机的飞行模式、飞行原理、升力或阻力的产生与变化、复合翼无人机的飞行品质等内容。

任务 1　复合翼无人机概述

 知识目标

1. 了解复合翼无人机的基本类型及其特点。
2. 掌握复合翼无人机的基本结构形式。

 任务描述

  复合翼无人机是固定翼与多旋翼无人机的完美组合，它兼具固定翼无人机飞行速度快、飞行高度高、飞行时间长和多旋翼无人机垂直起降、悬停灵活的特点，也称垂起起降固定翼无人机。而今，随着民用无人机的普及，以及考虑到无人机使用的便捷性，复合翼无人机得到了飞速发展。

本任务主要介绍复合翼无人机的基本类型及其特点、复合翼无人机基本结构形式及其发展前景与应用。

任务学习

知识点1：复合翼无人机的代表类型

在固定翼无人机的基础上加装一套垂直起降动力系统就形成了通常意义上的复合翼无人机，通过两套动力分别实现起降和平飞，如图 6-1 所示。

相对于其他垂直起降无人机，复合翼垂直起降无人机具有技术可实现性好、飞行可靠性高和生产成本较低等优点；平飞与垂起动力模组分别独立，可根据不同使用工况各自选择最为合适的动力模块参数，其控制策略也相对简单。但其平飞时垂起动力系统无法发挥作用，而成为"累赘"，反之亦然，对于飞行效率的影响较大。

图 6-1　复合翼无人机

早期复合翼无人机由于电动机技术不成熟，巡航无效重量较大；但随着高功重比无刷电动机的出现，配合良好的气动外形设计，复合翼无人机也能达到极高的飞行性能。

从总体布局形式来看，复合翼无人机主要有尾座式、倾转动力式（包括倾转旋翼式、倾转涵道风扇式、倾转机翼式）以及复合式等。

1. 尾座式复合翼无人机

尾座式复合翼无人机在不牺牲载重能力的情况下，其兼具多旋翼无人机和固定翼无人机的优点。在机尾安装有起降支架，垂直起飞时机尾座地，机头向上，达到一定高度后转入平飞，降落时先调整姿态使机头向上，随后进行垂直降落，如图 6-2 所示。

这种结构布局的最大特点在于它只需一套动力装置，并且动力矢量方向无需变更、结构简单、系统废重少、效率高；但其控制系统开发难度较高，在垂直起降期间与悬停状态时的抗风能力较低，机身倾转时受飞机气动焦点的影响极大，飞行姿态与气动效率难以保证，也很难任意变更载荷。

2. 倾转动力式复合翼无人机

倾转动力飞行器的概念很早就被提出，垂直向上起飞的时候，这种无人机的倾转动力机构方向朝上；飞行模式切换时，倾转动力机构同步动作，使飞行器推力向前，倾转动力机构作为前飞动力；开始水平飞行时，机翼承担部分或全部升力，如图6-3所示。

图6-2 尾座式复合翼无人机

图6-3 倾转动力式复合翼无人机

倾转动力式复合翼无人机只做动力倾转，气动焦点影响较小，共用动力系统减少了废重，有效挂载能力较高。但其劣势也很明显，比如推力方向变化都需要倾转机构，如图6-4所示。这样必然存在机构的可靠性与废重问题，旋翼模式下存在气动扰流问题；悬停与平飞状态的转换过渡阶段稳定性差的问题，这些问题对无人机飞控系统提出了新的挑战。

图6-4 某型倾转机构

倾转动力式复合翼无人机包括倾转旋翼式、倾转涵道风扇式以及倾转机翼式等。

知识点2：复合翼无人机的基本结构

复合翼无人机包含了多旋翼系统和固定翼系统，通过相关的结构将两个系统结合在一起，如图6-5所示，通过飞控计算机实现两套系统的协调控制。

1. 多旋翼系统

多旋翼系统由机体结构（机臂、机身等）、动力装置（电动机、电调、螺旋桨、电池）、飞控系统和链路系统组成，如图6-6所示。其中，多旋翼系统的飞控与链路与固定翼系统共用一套，机体结构也可以融合在固定翼系统的机体结构中。

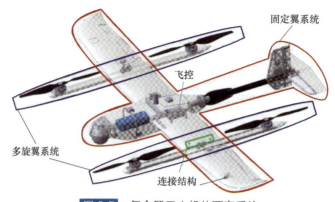

图 6-5 复合翼无人机的两套系统

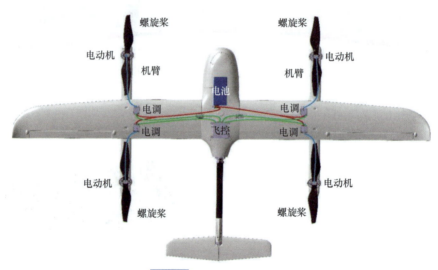

图 6-6 多旋翼系统组成

多旋翼系统的功用包括:

1) 多旋翼系统主要用来保障复合翼无人的起降。

2) 多旋翼系统的载重能力决定了复合翼无人机的最大起飞重量。

3) 多旋翼系统的可靠性决定了复合翼无人机在起降阶段的安全性。

4) 多旋翼系统在复合翼无人机的迫降和固定翼飞行阶段的尾桨改出中都发挥着重要作用。

2. 固定翼系统

复合翼无人机的固定翼系统主要运行在巡航作业阶段。一般而言,在复合翼无人机的整个飞行过程中,固定翼系统工作的时间远远大于多旋翼系统,因此固定翼系统的气动效率直接决定了复合翼无人机的飞行性能,特别是航程和航时。

固定翼系统与多旋翼系统相比,其优点在于:可靠性高、气动效率高、飞行稳定性好、操控简单、平台振动小等。

固定翼系统主要由机体结构、航电系统、推进系统和任务载荷等组成,如图 6-7 所示。

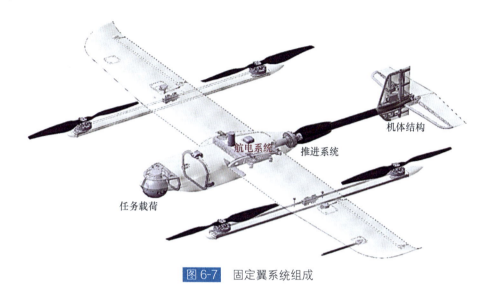

图 6-7　固定翼系统组成

3. 多旋翼系统与固定翼系统的匹配关系

复合翼无人机不是多旋翼无人机和固定翼无人机简单的叠加组合,在两者结合时,必须充分考虑两个系统之间的相互匹配关系。复合翼无人机的旋翼系统和固定翼系统相互影响、相互制约。对于复合翼无人机来说,固定翼系统相对来说更为重要,一方面它的工作时间较长,另一方面它是复合翼无人机作业能力的保障。而多旋翼系统主要用来保障无人机起降阶段,偶尔会参与到一些特情的飞行控制。所以,在总体设计的过程中,应该充分利用有利的影响,尽可能避免或减少不利的影响。

知识点 3:复合翼无人机的发展趋势

1. 复合翼无人机总体布局发展趋势

从复合翼无人机的研制过程可以看出,任何设计布局和研发过程,都难以避免在推进、能源、气动、控制、设计方法和试验技术等方面遇到的问题,区别就在于不同布局面临的问题是否严重,这些问题主要包括如何选择无人机的总体布局、优化其设计的方案、桨翼干扰、飞行模式的转换等。

20. 复合翼无人机

总体来说复合翼无人机起降方便、成本低、使用和维护方便、安全性较好,并且复杂空域中的任务执行能力突出,具有较好的市场需求和应用前景。从国内外技术发展情况看,复合翼无人机具有以下发展趋势:

1）复合翼无人机的飞控系统对于飞行的稳定性起着至关重要的作用。尽管市面上的复合翼无人机在过渡阶段都存在稳定性差的问题，但是随着智能化飞行控制技术、先进的传感器技术及分布式信息处理技术的不断发展，复合翼无人机的飞控系统将会更加完善，更加稳定。

2）为了实现高效率的巡航和较大的航程，就必须提高复合翼无人机的巡航升阻比，分布式动力推进系统就可以实现以上需求。而且，此系统可以通过缩小无人机在垂起和平飞阶段需用功率的差异，实现动力系统的最佳功率匹配。

3）现有的复合翼无人机基本上都采用电池驱动的推进系统，主要考虑到可行性、复杂性及安全性等方面的问题。随着材料技术和制造工艺的不断进步，动力电池行业会实现高速发展，届时采用新兴电池作为推进系统在复合翼无人机上将是未来的一种趋势。

2. 复合翼无人机功能系统发展趋势

（1）任务载荷多样化、模块化和互换性　工业级无人机任务载荷多种多样，包括多拼相机、光电吊舱、喊话器等。载荷的多样性决定了无人机从设计之初就必须考虑其载荷的模块化及互换性。当无人机执行不同任务或者升级相关设备时，能够迅速更换其任务载荷，以更好地满足特定任务需求，适应不同行业应用。

（2）高环境适应性　随着用途越来越多样化，未来无人机需要具备在任何严苛的环境条件下都能可靠工作的能力。

（3）感知与避让　感知和避让技术是无人机获取空间位置状态、规划航迹和防止碰撞的重要技术保障。

（4）自主性与智能化　未来无人机将不仅仅是一个飞行载体，被动完成飞行任务，而是向单机智能飞行、多机智能协同、任务自主智能等方向发展，具备主动感知、自主判断、采集数据、智能学习和协同作业等各项能力。

知识点 4：复合翼无人机的行业应用

复合翼无人机基本可以完成固定翼无人机、无人直升机以及多旋翼无人机的很多任务，根据市场需求，复合翼无人机的应用范围主要在军用、民用和商用领域，例如海洋监测、森林防火、电力巡检、油气管道巡检、应急减灾、反恐维稳、森林资源调查、边防巡检、地理信息测绘、环保监测、地质监测、矿产勘探等众多领域，如图 6-8 所示。复合翼无人机在多方面具有显著优势，而且市场需求较大，发展前景较好，已经发展成为一个重要的无人机类别。

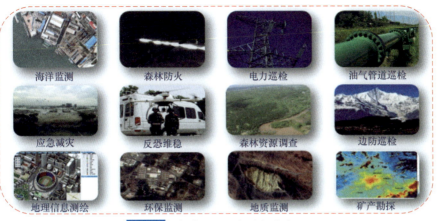

21.复合翼无人机的飞行

图6-8 复合翼无人机的行业应用

任 务 核 验

一、选择题

1. 对于复合翼无人机而言，（　　）一般用于起飞和降落阶段。

   A. 多旋翼模式　　　B. 固定翼模式　　　C. 视情况而定

2. 对于复合翼无人机而言，（　　）一般用于巡航阶段。

   A. 多旋翼模式　　　B. 固定翼模式　　　C. 视情况而定

3. 固定翼系统主要由（　　）等组成。（多选题）

   A. 机体结构　　　B. 航电系统　　　C. 推进系统　　　D. 任务载荷

4. （　　）技术是无人机获取空间位置状态、规划航迹和防止碰撞的重要技术保障。

   A. 高适应环境　　　B. 感知与避让　　　C. 自主化　　　D. 智能化

5. （　　）在复合翼无人机的迫降和固定翼飞行阶段的尾桨改出中都发挥着重要作用。

   A. 固定翼系统　　　B. 多旋翼系统　　　C. 多旋翼和固定翼系统一起

6. （　　）主要保障了复合翼无人机的起降阶段。

   A. 固定翼系统　　　B. 多旋翼系统　　　C. 多旋翼和固定翼系统一起

7. （　　）的载重能力决定了复合翼无人机的最大起飞重量。

   A. 固定翼系统　　　B. 多旋翼系统　　　C. 多旋翼和固定翼系统一起

8. （　　）的可靠性决定复合翼无人机在起降阶段的安全性。

   A. 固定翼系统　　　B. 多旋翼系统　　　C. 多旋翼和固定翼系统一起

二、完成工作页中"项目6——工作任务1 探究复合翼无人机概述"相关内容。
三、简答题
1. 简述复合翼无人机的基本类型及其特点。

2. 简述复合翼无人机的基本结构形式。

任务 2　复合翼无人机基本飞行原理

知识目标

1. 掌握复合翼无人机的飞行模式。
2. 掌握复合翼无人机的飞行原理。
3. 了解复合翼无人机的升力与阻力的产生方式。

任务描述

复合翼无人机系统是以常规固定翼无人机为基础增加多旋翼单元，在起降低速状态下按照多旋翼模式飞行，通过多个螺旋桨产生的拉力克服重力和气动阻力进行飞行；而在高速状态下，按照固定翼模式飞行，通过气动升力克服重力，通过螺旋桨拉力克服气动阻力实现飞行。复合翼无人机系统具备巡航时间长、飞行速度快、飞行安全稳定的特点。

本任务主要介绍复合翼无人机的飞行模式、飞行原理、升力与阻力的产生。

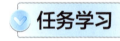

知识点1：复合翼无人机的飞行模式

复合翼无人机是一种将固定翼布局与多旋翼布局相结合的垂直起降飞行器，既能够像多旋翼飞行器一样通过多个螺旋桨拉力克服重力和气动阻力实现垂直起降、悬停和垂直爬升下降等飞行功能，又能够像固定翼飞行器一样通过气动升力克服重力，动力系统克服气动阻力实现高速巡航飞行。对于复合翼无人机而言，多旋翼飞行模式一般用于起飞和降落阶段，固定翼飞行模式一般用于巡航阶段。

复合翼无人机具有垂直起降时的多旋翼飞行模式、巡航飞行时的固定翼飞行模式以及两种飞行模式之间相互转换的过渡飞行模式。一般复合翼无人机有两套独立的动力系统，其中一套用来驱动提供垂直拉力的四个螺旋桨，另一套用来驱动前拉螺旋桨提供向前的拉力或推力。两套动力系统螺旋桨拉力或推力的大小一般都是通过调整电动机转速来改变的。

复合翼无人机完成一次飞行任务会经历多个阶段，其飞行过程如图 6-9 所示：

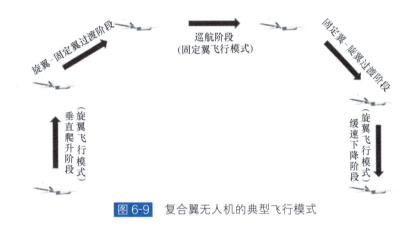

图 6-9　复合翼无人机的典型飞行模式

1. 起飞和降落阶段（多旋翼飞行模式）

垂直起降阶段用多旋翼飞行模式，前拉螺旋桨不工作，其飞行原理与常规的多旋翼无人机一样。该模式虽然也具有一定的前飞能力，但是飞行效率较低，通常只进行垂直起降，为了尽可能缩短该模式的飞行时间，通常只要起飞到一定的安全高度就会转换为固定翼模式进行爬升、巡航等。

垂直起降模式飞行时，复合翼无人机就相当于一个四旋翼无人机。四旋翼无人机是多旋翼无人机中的一种，是一个四控制输入和六自由度输出的欠驱动系统，虽然四旋翼无人机具有多变量、非线性、强耦合和对干扰敏感的特征，但是其体积相对较小、隐蔽性和安全性好、结构简单、操作灵活、成本较低。四旋翼无人机的飞行原理是通过电动机驱动螺旋桨旋转，从而产生垂直向上的升力和相应的转矩。四旋翼无人机的布局模式分为 X 形和十字形两种，一般复合翼无人机常采用 X 形布局。

2. 巡航阶段（固定翼飞行模式）

巡航阶段采用固定翼模式飞行，飞机的动力全部由前拉螺旋桨提供。此时，断开垂直方向螺旋桨的动力，螺旋桨随风自由旋转。

通常固定翼无人机的机翼用来提供升力，负升力由尾翼提供，飞机其他部分产生的升力微乎其微,一般不予考虑。当空气流经机翼前缘部分,形成上、下两股气流,分别从机翼的上表面和下表面流过,在机翼后缘重新汇合向后流去。机翼上表面相较于机翼下表面形状较为凸出,因此气流通过上、下表面的流速不同,上、下气流形成流速差,继而出现了压力差,在和气流垂直的方向上产生的压力差就是机翼的升力。无人机借助机翼所获得的升力克服自身的重力飞行。

3. 过渡飞行模式（固定翼-旋翼飞行模式）

过渡飞行模式包括两种:旋翼模式向固定翼模式的过渡和固定翼模式向旋翼模式的过渡。飞行过程也是两套动力系统相互转换的过程,过渡过程中两套动力系统的螺旋桨都工作。

以旋翼模式向固定翼模式过渡为例,过渡开始时起动前拉螺旋桨并逐渐增大拉力,飞机向前加速。过渡飞行时全机的升力逐渐从由多旋翼提供变为由机翼提供,同时操纵权限也从多旋翼操纵系统转移到固定翼操纵系统。

固定翼模式向旋翼模式过渡可以有多种方式,其中一种为过渡开始时关闭前拉螺旋桨动力,飞机按照正常姿态前飞,利用飞机阻力进行减速,同时起动垂直方向上的螺旋桨来弥补速度减小后升力的不足,整个过渡过程飞机可以保持定高飞行。直到飞行速度减下来,全机升力都由垂直方向上的螺旋桨提供,即完成了固定翼模式向旋翼模式的过渡。这种过渡方式的优点是整个飞行过程飞机姿态平稳,缺点是这种过渡方式由于飞机受到的阻力较小,所以减速较慢,整个过渡过程持续的时间较长。为了加快飞机减速,可以采用增大飞机的俯仰角来增大阻力,或者采用能量转换的方式,切断前拉动力后使飞机抬头爬高,将动能转化为势能,实现快速减速并转换为旋翼模式。

知识点2：复合翼无人机的飞行原理

复合翼无人机的飞行阶段分为起降/悬停阶段和平飞/爬升阶段。起降/悬停阶段使用旋翼模式,平飞/爬升阶段采用固定翼模式。

在旋翼模式下,无人机的固定翼无法提供升力,此时升力由旋翼提供。旋翼产生升力的原理与螺旋桨基本相同,其区别主要体现在功耗与升力的大小上。当旋翼旋转时,其剖面翼型对气流产生相对速度,从而产生升力,拉动无人机上升。

在固定翼模式下,无人机的飞行原理与普通固定翼无人机基本一致,即以机翼相对气流的运动产生升力来克服重力,以平飞动力抵消阻力,从而使无人机完成滞空飞行。

复合翼无人机与固定翼无人机最大不同在于起飞阶段与降落阶段的飞行原理。

在起飞阶段,无人机由旋翼系统桨叶旋转提供升力,无人机由地面升空;当到达指定高度后,其平飞动力开始起动,使无人机逐渐加速。此时,复合翼无人机空速较低,机翼产生的升力不足以克服其重力，旋翼仍继续工作，其受力如图 6-10 所示，无人机有一个较小的迎角，当真空速到达固定翼模式的安全速度后，旋翼停止工作，此时由机翼提供升力。

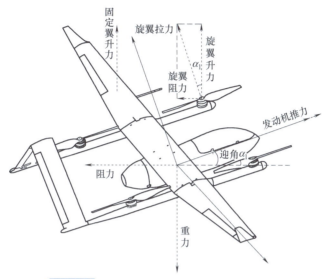

图 6-10　复合翼无人机加速上升阶段的受力

降落阶段则是相反的过程，所不同的是空速满足降落速度要求后，旋翼系统起动，此时平飞动力关闭，其受力如图 6-11 所示，无人机会有一个较大的迎角，会使旋翼产生更大的旋翼阻力，耗散掉无人机的平飞速度，以便进入旋翼飞行模式。

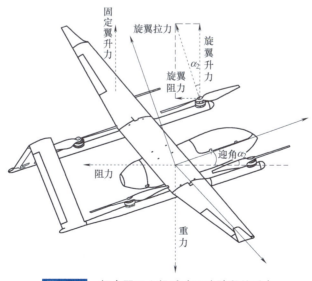

图 6-11　复合翼无人机减速下降阶段的受力

知识点 3：复合翼无人机的升力

复合翼无人机的升力主要由两部分组成，即旋翼旋转产生的拉力与机翼相对气流产生的升力。

在旋翼模式下，无人机的升力由所有的旋翼桨叶提供。旋翼提供升力的原理可参考本书旋翼无人机部分的相关内容。在旋翼模式切换至固定翼模式的过程中，也就是起飞加速阶段，旋翼和固定翼都会提供升力，其中旋翼提供的升力主要用于平衡无人机的重力。固定翼模式下，无人机的升力由机翼提供。机翼提供升力原理可参考本书固定翼无人机部分的相关内容。

而在旋翼 - 固定翼过渡阶段，此时复合翼无人机的总升力等于旋翼旋转产生的拉力与机翼相对气流产生的升力之和。设机翼的升力、旋翼的拉力分别为 L_w、T，对应的参考面积为 S_w，由本书前面章节可知道升力系数和拉力系数分别为

$$C_{Lw} = \frac{L_w}{\frac{1}{2}\rho v^2 S_w} \tag{6-1}$$

$$C_{LR} = \frac{T}{\frac{1}{2}\rho v^2 S_w} \tag{6-2}$$

所以对于有多旋翼的复合翼无人机的总升力系数为

$$C_L = C_{Lw} + nC_{LR} \tag{6-3}$$

复合翼无人机在其固定翼模式下，由于旋翼与旋翼挂架的存在，均匀的气流流过无人机时，与干净构型（即没有旋翼与挂架的普通固定翼无人机）相比，会产生更加复杂的流动现象，甚至湍流现象。根据机翼产生升力的基本原理，湍流将损耗来流总压，使上翼面压降增加，进而影响上下翼面压差，使升力降低。

另外，旋翼和旋翼挂架的存在还会影响机翼上翼面的气流分离位置。对于干净构型的机翼，随着迎角加大，气流分离位置会从机翼后缘逐渐向前扩展；而复合翼无人机旋翼挂架的存在，会破坏这种正常的气流分离方式，在迎角较小的情况下，挂架与机翼连接位置的气流则已存在气流分离，并随着迎角增大不断向前与两侧扩展，如图 6-12 所示。这种过早的气流分离现象不仅会使机翼整体升力降低，还会使无人机更容易失速，即无人机的失速迎角变小，无人机气动性能降低。

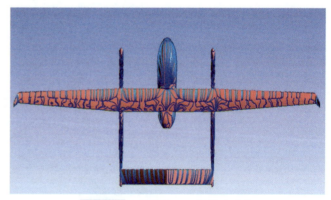

图 6-12　复合翼无人机绕流流线

知识点 4：复合翼无人机的阻力

复合翼无人机的阻力，一般是指其在固定翼模式和旋翼-固定翼过渡模式下的阻力，因为旋翼模式下无人机基本没有前飞速度，无人机产生的阻力较小。对于常规固定翼无人机阻力的构成，可以参考本书机翼阻力的构成部分。

复合翼无人机摩擦阻力的产生原理与固定翼无人机基本是一致的，主要的区别在于诱导阻力、压差阻力与干扰阻力。

第一，诱导阻力。机翼延翼展方向的环量分布，越接近椭圆，则总体诱导阻力越小；但是完全的椭圆分布将导致全翼后缘在某个角度同步失速，会使得飞机进入非常危险的状态。复合翼无人机旋翼挂架的存在使得翼展方向的环量分布发生扭曲，进而使得整体诱导阻力上升。

第二，压差阻力。复合翼无人机的压差阻力，由于旋翼与旋翼挂架的存在，流过机翼中段（即中翼与外翼的连接位置）的气流将变得混乱，总压损失加剧，分离位置提前，因此会进一步增大。实际上，在复合翼无人机的固定翼飞行模式下，螺旋桨本身就存在前后压差。如果在飞行过程中螺旋桨还在随风转动，湍流范围还将继续加大。使用锁桨机构将螺旋桨固定在来流方向，阻止其自由转动，可以有效地减小这部分阻力。但无论如何，与干净构型（即摘除旋翼与挂架的单纯固定翼无人机）相比，这部分阻力是不可避免的。

第三，干扰阻力。无人机各部件分阻力经过叠加后，会小于无人机整体的阻力，这部分多出来的阻力就是干扰阻力。干扰阻力本身兼具诱导阻力与压差阻力的特点，复合翼无人机不同部件之间的融合，会使流线发生挤压与变形，在某些位置就会使得升力方向与来流方向不垂直，此时升力就可能会在相反于来流方向上存在分力，这就是干扰阻力的一种，其产生原理与诱导阻力的产生原理比较类似。同样，流线的挤压变形会使不同位置的气流产生干扰进而发生转捩，也会产生干扰阻力，这部分阻力产生原理又与压差阻力的产生原理近似。

总而言之，复合翼无人机的总阻力等于全机各部分组件的摩擦阻力、诱导阻力、压差阻力与干扰阻力之和。全机的总阻力系数为

$$C_D = C_{Df} + C_{Din} + C_{Dp} + C_{Dif} \quad (6\text{-}4)$$

式中，C_D 为无人机总阻力系数；C_{Df} 为无人机摩擦阻力系数；C_{Din} 为无人机诱导阻力系数；C_{Dp} 为无人机压差阻力系数；C_{Dif} 为无人机干扰阻力系数。

=== 任 务 核 验 ===

一、选择题

1. 复合翼无人机具有（　　）等 3 种模式。

A. 多旋翼飞行模式

B. 固定翼飞行模式

C. 多旋翼飞行模式与固定翼飞行模式之间的相互转换

D. 以上全是

2. 复合翼无人机的阻力有（　　）。（多选题）

　　A. 摩擦阻力　　B. 诱导阻力　　C. 压差阻力　　D. 干扰阻力

3. 无人机各部件分阻力经过叠加后，会小于无人机整体的阻力，这部分多出来的阻力就是（　　）。

　　A. 摩擦阻力　　B. 诱导阻力　　C. 压差阻力　　D. 干扰阻力

4. 下列是复合翼无人机产生升力的部分是（　　）。

　　A. 旋翼旋转产生的拉力　B. 与机翼相对气流产生的升力　C. 以上都是

二、完成工作页中"项目 6——工作任务 2　探究复合翼无人机飞行原理"相关内容。

三、简答题

1. 简述复合翼无人机的飞行模式都有哪些。

2. 简述复合翼无人机的飞行原理。

任务 3　复合翼无人机飞行品质与飞行性能

知识目标

1. 了解复合翼无人机的受力与平衡。
2. 掌握复合翼无人机的稳定性。
3. 掌握复合翼无人机的操纵性。

任务描述

复合翼无人机的飞行品质即无人机的平衡、稳定性和操纵性，就是阐述复合翼无人机在力和力矩的作用下，飞机状态的保持和改变的基本性能，在实际飞行中具有重要意义。

本任务主要介绍复合翼无人机的受力与平衡、稳定性与操纵性。

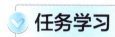任务学习

知识点1：复合翼无人机的受力与平衡

1. 复合翼无人机的受力

复合翼无人机，其平台整体分为旋翼部分与固定翼部分。旋翼部分包括旋翼、电动机与挂架，这部分会产生拉力、阻力以及控制力矩与陀螺力矩；固定翼部分包括机身、机翼、安定面与操纵面等，这些部分会产生升力、阻力与气动力矩；除此之外，无人机还受重力与推力或拉力的作用。所有这些力与力矩，最终将向整机上的某一点进行简化，从而形成整机的合力与合力矩。针对不同的应用情形，简化点的选择也有所不同，常用的有"重心""压心""刚心"与"焦点"等。

复合翼无人机在旋翼模式下，受旋翼的升力作用，以及旋翼本身旋转产生的动量矩；当机身姿态出现波动时，还将受到旋翼陀螺力矩的作用。对于四旋翼无人机，一定是"两个正桨+两个反桨"的配置，这样的目的是抵消旋翼自转产生的动量矩，使旋翼相对中心的合力矩为零；如果不这样做的话，无人机将绕中心旋转。当无人机受扰动或者左右横偏时，螺旋桨还将产生陀螺力矩和脱落力矩。脱落力矩为阻止刚体相对旋转轴运动的力矩，与刚体绕转轴的转动惯量有关。由于螺旋桨质量都较轻，故而这部分力矩很小。

复合翼无人机在固定翼模式下，无人机的受力方式接近普通固定翼无人机，如图6-13所示。其中，机翼与副翼提供升力、横向平衡力矩与滚转阻尼力矩；平尾与升降舵提供纵向平衡力矩与俯仰阻尼力矩；垂尾与方向舵提供航向平衡力矩与偏航阻尼力矩；发动机或电动机提供动力，用以克服整机阻力。除此之外，机身、旋翼与挂架对整机的升力、阻力和力矩也有一定影响。动力装置与旋翼对全机受力的影响基本相同，但一般来说仅考虑动力装置产生的力与矢量位移所产生的力矩，陀螺力矩与自转产生的动量矩对飞行均影响不大。

2. 复合翼无人机的平衡

复合翼无人机的平衡包括旋翼模式下的平衡与固定翼模式下的平衡。在旋翼模式下，无人机的平衡主要依靠旋翼的拉力完成。旋翼的拉力可用以抵消重力，拉力相对重心的合力矩为零，旋翼本身自旋产生的动量矩将由"正桨+反桨"的方式平衡掉，如图6-14所示。

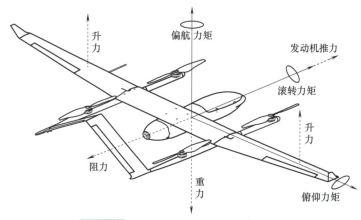

图 6-13　复合翼无人机固定翼模式受力

对于复合式四旋翼无人机在设计结构的时候，要尽量将重心的位置设置在 4 个旋翼的中心，这样可以使 4 个螺旋桨与电动机受力均匀，其脉宽可以基本一致；如果重心距离某一个电动机较近，则会使这个旋翼承受更大的重力分量，这在起飞着陆过程中将对平台的可靠性产生不利影响。

图 6-14　旋翼模式下的"正桨 + 反桨"

实际运行中，旋翼的拉力是动态的，其相对重心的力矩将很难精确一致，还会受到空中乱流的扰动，所以要通过飞行控制，以不对称转速的形式调整整机的平衡。4 个旋翼均匀受力还有一个好处，就是在外场试飞较大重量的无人机平台时，方便测试人员进行搬运；选择四个电动机安装点作为搬运点，既符合无人机结构传力的设计思路，也更加的省力。

在固定翼模式下，无人机的平衡主要依靠机翼、平尾、发动机与各个操纵面协作完成。在无人机纵向方向，在定速平飞的情况下，重力主要由升力来平衡，阻力主要由动力装置的推力来平衡。但是当无人机姿态角不为零时，其推力与阻力不共线；当存在突风时，其升力与重力不共线，所以最终将是 4 个力同时进行力的配平。在无人机横航向方向，无人机靠滚转侧滑以及偏航来平衡测风引起的侧力与力矩。

复合翼无人机在起飞着陆阶段的平衡则是较为复杂的。首先，在多旋翼模式下力的平衡依靠旋翼的不对称拉力；当无人机开始具有空速后，气动力与气动力矩开始起作用，而由于速度较低，采用固定翼无人机舵面偏转方式的操纵效率很低，基本上不起作用，所以此时的姿态基本上是由旋翼来控制的。但由于四旋翼本身无法做到姿态与位置的解耦，所以在这个过程中，无人机的平衡点是不唯一的。如何确定哪些平衡点更加安全可靠，是现如今无人机技术需要研究的关键内容之一。

知识点 2：复合翼无人机的稳定性

无人机的稳定性是指无人机在受到扰动后所表现的固有运动状态，也可以理解为无人机抵抗外界扰动的能力。无人机的稳定性可以分为静稳定性和动稳定性，静稳定性是指无人机在受到扰动后是否具有恢复到原来状态的力和力矩；动稳定性是指无人机在受到扰动后，无人机在恢复力和力矩作用下的运动特性。在分析稳定性时，无人机被视为一个六自由度的刚体，可以单独分析每个自由度的稳定性。复合翼无人机的稳定性包括旋翼模式的稳定性和固定翼模式的稳定性。

在垂直爬升和垂直下降阶段，复合翼无人机处于旋翼模式飞行状态，旋翼模式飞行的稳定性与多旋翼无人机的稳定性相似。但是由于固定翼系统机身、机翼和尾翼的存在，增加了俯仰、偏航和滚转方向的迎风面积，这将给旋翼系统的稳定性造成显著的影响。迎风面积增加，一方面会放大扰动，另一方面会增加动稳定的阻尼。为了减小侧风扰动对旋翼模式稳定性的影响，在起降阶段要求机头指向逆风方向，这样可以大大减少侧风的迎风面积。俯仰方向失稳是复合翼无人机在起降阶段经常遇到的问题，这是因为机翼和尾翼在受到阵风扰动后会产生较大的升力，进而会产生突变的俯仰力矩，造成复合翼无人机的俯仰震荡。

在复合翼无人机的试飞阶段，通过飞控调参可有效地抑制俯仰震荡。但是稳定性和操纵性是两个矛盾体，操纵性本质上也是一种可控的扰动，在飞控调参时，如果稳定性过强，则会导致操纵性过差。

在巡航飞行阶段，复合翼无人机处于固定翼模式飞行状态，固定翼模式飞行的稳定性与固定翼无人机的稳定性相似，而且多旋翼系统对固定翼模式稳定性的影响可以忽略。多旋翼系统主要通过飞控调参来调整多旋翼模式的稳定性，固定翼系统则需要在复合翼无人机的设计阶段进行评估，因为固定翼模式飞行的稳定性不仅会影响飞行安全，还会影响作业的质量，如俯仰方向的震荡会影响光电吊舱的成像。固定翼无人机飞行品质评估的重要工作之一就是稳定性分析。

在垂转平或者平转垂飞行阶段的稳定性就比较复杂。这两个阶段是复合翼无人机事故率最高的两个阶段。通常平飞动力的推力线不通过飞机的重心，在起飞加速阶段，发动机的推力处于最大状态，这会对俯仰方向的稳定性产生较大影响，在加速阶段复合翼无人机经常出现大的俯仰波动，因此在起飞程序里必须设定合适的安全高度。降落减速阶段与起飞加速阶段相比，稳定性较好一些。但是如果在减速阶段出现偏离设定降落点的情况，可能会导致无人机出现较大的姿态波动。

知识点 3：复合翼无人机的操纵性

无人机的操纵性是指无人机在收到操纵指令，并做出操纵动作后，无人机的响应特性。无人机的操纵性可以简单地理解为无人机在收到地面站操控指令后，改变相应飞行状态的快慢，它是无人机飞行品质评估的一项重要工作。

无人机操纵性主要评估的是操纵响应的灵敏度。复合翼无人机的操纵性包括旋翼模式的操纵性和固定翼模式的操纵性。为了满足多飞行模式的操控要求，复合翼无人机有两套操纵系统，即多旋翼模式操纵系统和固定翼模式操纵系统。

在多旋翼模式的飞行状态下，旋翼模式的垂直运动、俯仰运动、滚转运动、偏航运动、前后运动和左右运动的操纵原理与多旋翼无人机完全一致。几个方向的操纵主要是通过调节螺旋桨的转速来实现升力的变化，从而控制飞行器的姿态和位置。由于固定翼系统机身、机翼和尾翼的存在，这些面积带来的操纵阻尼应该被考虑。旋翼模式的操纵性可以通过飞控调参进行优化，在进行飞控调参时，既要保证飞机具有良好的操纵性，也要保证飞机具有良好的稳定性。

在固定翼模式的飞行状态下，复合翼无人机具有固定翼无人机的操纵性。可操纵副翼、升降舵、方向舵和前拉或后推的螺旋桨的油门，进而控制飞行器的姿态和位置。在复合翼无人机巡航阶段，旋翼可以通过直接力控制，可以改善固定翼低速状态的操纵性，如失速尾旋的改出，但是这需要飞控程序的支持。

在垂转平或者平转垂的飞行阶段旋翼和操纵舵面耦合控制，即复合翼无人机在过渡模式飞行时，旋翼操纵系统和固定翼操纵系统都工作，且需要实现两套操纵系统操纵权限的切换，所以这两个阶段的操纵性比较复杂。

以旋翼模式向固定翼模式转换为例，过渡初期飞机速度较小，固定翼的舵效较低，此时主要靠旋翼操纵系统来控制飞机的姿态。随着飞机速度的增大，固定翼舵效逐渐增大，此时旋翼操纵系统的操纵权限可以适度的减弱，直到最后转换为固定翼模式时旋翼操纵系统的操纵权限减为零，此时完全由固定翼操纵系统来控制飞机。

在整个过渡过程中，随着固定翼能效的增大，旋翼操纵系统的操纵权限需要逐渐减弱，从而确保两套操纵系统总的操纵能力不出现较大的波动，实现过渡过程的平滑稳定控制。

任 务 核 验

一、选择题

1. 对于四旋翼无人机，一定是"两个正桨+两个反桨"的配置，这样的目的是（　　）。
   A. 抵消旋翼自转产生的动量矩　　　　B. 抵消阻力
   C. 产生更大的升力　　　　　　　　　D. 较小起飞重量

2. 无人机的（　　）是指无人机在收到操纵指令，并做出操纵动作后，无人机的响应特性。
   A. 平衡性　　　　B. 稳定性　　　　C. 操纵性　　　　D. 灵活性

3. 多旋翼模式下，几个方向的操纵主要是通过调节（　　）来实现升力的变化，从而控制飞行器的姿态和位置。

  A. 螺旋桨的转速　　　B. 副翼的转动　　　C. 桨距的变化　　　D. 舵面的偏转

4. 无人机的（　　）是指无人机在受到扰动后所表现的固有运动状态，也可以理解为无人机抵抗外界扰动的能力。

  A. 平衡性　　　　　　B. 稳定性　　　　　C. 操纵性　　　　　D. 灵活性

二、完成工作页中"项目 6——工作任务 3　探究复合翼无人机飞行品质与飞行性能"相关内容。

三、简答题

1. 简述什么是复合翼无人机的稳定性。

2. 简述什么是复合翼无人机的操纵性。

参 考 文 献

[1] 杨华保.飞行原理与构造[M].西安:西北工业大学出版社,2002.
[2] 鲁储生,张富建,邹仁,等.无人机组装与调试[M].北京:清华大学出版社,2018.
[3] 吴森堂.飞行控制系统[M].北京:北京航空航天大学出版社,2013.
[4] 孙毅.无人机驾驶员航空知识手册[M].北京:中国民航出版社,2014.
[5] 邢琳琳.飞行原理[M].北京:北京航空航天大学出版社,2016.
[6] 谢辉,王力,张琳.一种适用于中小型无人机的新型螺旋桨设计[J].航空工程进展,2015,6(1):172-176.
[7] 贾玉红,黄俊,吴永康.航空航天概论[M].5版.北京:北京航空航天大学出版社,2013.
[8] 王永虎.直升机飞行原理[M].成都:西南交通大学出版社,2017.
[9] 王宝昌.无人机航拍技术[M].西安:西北工业大学出版社,2016.
[10] 马辉,袁建平,方群.吸气式高超声速飞行器动力学特性分析[J].宇航学报,2007,28(5):1100-1104.

（续）

序号	任务名称	任务报告单
2	任务二 复合翼无人机的操纵性	

七、评价反馈

评价项目	自评		小组互评		教师评价	
任务序号	1	2	1	2	1	2
任务是否按计划时间完成						
相关理论完成情况						
任务完成情况						
任务创新情况						
语言表达能力及沟通协作情况						

四、任务分组

表6-8　学生任务分配表

班级：	组号：	组长：
本组成员：		
任务分工：		

五、任务分析

1. 各组派代表阐述任务分析结果。
2. 各组对其他组的任务分析结果提出不同的看法。
3. 教师结合学生完成情况进行点评、分析、总结。

六、任务实施

按照本组分析、讨论、归纳的结果生成任务报告单。

表6-9　任务报告单

序号	任务名称	任务报告单
1	任务一 复合翼无人机的受力与平衡	

工作任务3　探究复合翼无人机飞行品质与飞行性能

一、任务描述

复合翼无人机的飞行品质即无人机的平衡、稳定性和操纵性，就是阐述复合翼无人机在力和力矩的作用下，飞机状态的保持和改变的基本性能，在实际飞行中具有重要意义。

本工作任务将通过分组探究两个任务，加深理解复合翼无人机的飞行性能。

二、任务要求

1. 掌握复合翼无人机的受力与平衡。
2. 掌握复合翼无人机的稳定性。
3. 掌握复合翼无人机的操纵性。

三、任务书

表6-7　任务书

任务名称	任务描述与要求
任务一 复合翼无人机的受力与平衡	复合翼无人机，其平台整体分为旋翼部分与固定翼部分。旋翼部分包括旋翼、电动机与挂架，这部分会产生拉力、阻力以及控制力矩与陀螺力矩；固定翼部分包括机身、机翼、安定面与操纵面等，这些部分会产生升力、阻力与气动力矩；除此之外，无人机还受重力与推力或拉力的作用 　结合教材内容，分析总结复合翼无人机的受力与平衡，并形成探究报告
任务二 复合翼无人机的操纵性	为了满足多飞行模式的操控要求，复合翼无人机有两套操纵系统，即多旋翼模式操纵系统和固定翼模式操纵系统。结合教材内容，分析总结复合翼无人机的操纵性并形成探究报告

六、任务实施

按照本组分析、讨论、归纳的结果生成任务报告单。

表 6-6 任务报告单

序号	任务名称	任务报告单
1	任务一 复合翼无人机飞行模式	
2	任务二 复合翼无人机的飞行原理	

七、评价反馈

评价项目		自评		小组互评		教师评价	
任务序号		1	2	1	2	1	2
任务是否按计划时间完成							
相关理论完成情况							
任务完成情况							
任务创新情况							
语言表达能力及沟通协作情况							

（续）

任务名称	任务描述与要求
任务二 复合翼无人机的飞行原理	复合翼无人机的飞行阶段分为起降/悬停阶段和平飞/爬升阶段。起降/悬停阶段使用旋翼模式，平飞/爬升阶段采用固定翼模式，如下图所示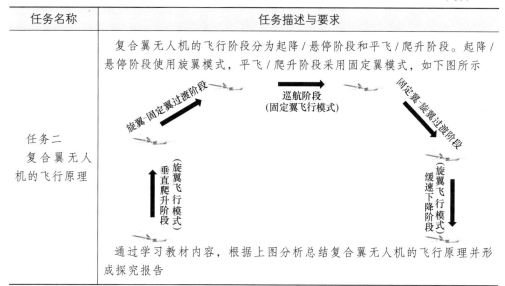通过学习教材内容，根据上图分析总结复合翼无人机的飞行原理并形成探究报告

四、任务分组

表 6-5　学生任务分配表

班级:	组号:	组长:
本组成员:		
任务分工:		

五、任务分析

1. 各组派代表阐述任务分析结果。
2. 各组对其他组的任务分析结果提出不同的看法。
3. 教师结合学生完成情况进行点评、分析、总结。

工作任务 2 探究复合翼无人机飞行原理

一、任务描述

复合翼无人机系统是以常规固定翼无人机为基础增加多旋翼单元,在起降低速状态下按照多旋翼模式飞行,通过多个螺旋桨产生的拉力克服重力和气动阻力进行飞行;而在高速状态下,按照固定翼模式飞行,通过气动升力克服重力,通过螺旋桨拉力克服气动阻力实现飞行。复合翼无人机系统具备巡航时间长、飞行速度快、飞行安全稳定的特点。本工作任务主要介绍复合翼无人机的飞行模式、飞行原理、升力与阻力的产生。

本工作任务将通过分组探究两个任务,加深理解复合翼无人机的飞行原理。

二、任务要求

1. 掌握复合翼无人机飞行模式。
2. 掌握复合翼无人机飞行原理。
3. 掌握复合翼无人机升力和阻力产生的方式。

三、任务书

表 6-4 任务书

任务名称	任务描述与要求
任务一 复合翼无人机飞行模式	复合翼无人机是一种将固定翼布局与多旋翼布局相结合的垂直起降飞行器,既能够像多旋翼飞行器那样通过多个螺旋桨拉力克服重力和气动阻力实现垂直起降、悬停和垂直爬升下降等飞行功能,又能够像固定翼飞行器一样通过气动升力克服重力,动力系统克服气动阻力实现高速巡航飞行 结合教材内容,分析总结复合翼无人机的飞行模式,并形成探究报告

(续)

序号	任务名称	任务报告单
2	任务二 复合翼无人机的优势及应用	

七、评价反馈

评价项目	自评		小组互评		教师评价	
任务序号	1	2	1	2	1	2
任务是否按计划时间完成						
相关理论完成情况						
任务完成情况						
任务创新情况						
语言表达能力及沟通协作情况						

四、任务分组

表 6-2 学生任务分配表

班级:	组号:	组长:
本组成员:		
任务分工:		

五、任务分析

1. 各组派代表阐述任务分析结果。
2. 各组对其他组的任务分析结果提出不同的看法。
3. 教师结合学生完成情况进行点评、分析、总结。

六、任务实施

按照本组分析、讨论、归纳的结果生成任务报告单。

表 6-3 任务报告单

序号	任务名称	任务报告单
1	任务一 复合翼无人机的结构组成	

三、任务书

表6-1 任务书

任务名称	任务描述与要求
任务一 复合翼无人机的结构组成	一、任务描述 在固定翼无人机的基础上加装一套垂直起降动力系统就形成了通常意义上的复合翼无人机,通过两套动力系统分别实现起降和平飞,如下图所示 二、任务要求 结合教材内容,分析总结复合翼无人机的基本结构组成,并说明其作用
任务二 复合翼无人机的优势及应用	一、任务描述 复合翼无人机是一种有效结合多旋翼无人机垂直起降能力和固定翼无人机高效巡航能力的无人机。因其独特的起降和巡航性能,复合翼无人机在军事侦察、边海防无人值守、战场态势获取等军事领域应用,及输油输道管线检测、复杂空域快速投送、航拍测绘等民用领域都具有极大的应用前景 二、任务要求 通过学习教材内容、上网学习等途径,了解垂直起降固定翼无人机的优势及应用,并形成探究报告

项目 6　复合翼无人机

工作任务 1　探究复合翼无人机概述

一、任务描述

本工作任务主要学习复合翼无人机的类型、结构组成、发展趋势、行业应用等。复合翼无人机是固定翼与旋翼无人机的完美组合，它兼具固定翼无人机飞行速度快、飞行高度高、飞行时间长和旋翼无人机垂直起降、悬停、灵活的特点。当今，随着民用无人机的普及，以及考虑到无人机使用的便捷性，垂直起降固定翼无人机在固定翼无人机中得到了迅速发展。垂直起降固定翼飞行器凭借独特的构型，是近年来无人机乃至有人机领域最具活力的细分赛道之一。

本工作任务将通过分组探究两个任务，加深认知复合翼无人机。

二、任务要求

1. 掌握复合翼无人机的概念。
2. 掌握复合翼无人机类型及结构组成。
3. 了解复合翼无人机的发展趋势和应用场景。

表 5-12　任务报告单

序号	任务名称	任务报告单
1	任务一 无人直升机操纵性特点	
2	任务二 无人直升机操纵性原理	

七、评价反馈

评价项目	自评		小组互评		教师评价	
任务序号	1	2	1	2	1	2
任务是否按计划时间完成						
相关理论完成情况						
任务完成情况						
任务创新情况						
语言表达能力及沟通协作情况						

四、任务分组

表 5-11　学生任务分配表

班级：	组号：	组长：
本组成员：		
任务分工：		

五、任务分析

1. 各组派代表阐述任务分析结果。
2. 各组对其他组的任务分析结果提出不同的看法。
3. 教师结合学生完成情况进行点评、分析、总结。

六、任务实施

按照本组分析、讨论、归纳的结果生成任务报告单。

工作任务 4　探究无人直升机的操纵性

一、任务描述

无人直升机不同于固定翼无人机，一般都没有在飞行中供操纵的专用活动舵面。这是由于在小速度飞行或悬停时，其作用也很小，因为只有当气流速度很大时舵面或副翼才会产生足够的空气动力。"单旋翼＋尾桨"式的无人直升机主要靠旋翼和尾桨进行操纵，而双旋翼直升机靠两副旋翼来操纵。本工作任务主要学习无人直升机的操纵性，包括基本概念、操纵原理。

本工作任务将通过分组探究两个任务，加深理解无人直升机的操纵性。

二、任务要求

1. 掌握无人直升机操纵性的概念及原理。
2. 掌握无人直升机操纵性的特点。
3. 掌握无人直升机操纵机构与运动的关系。

三、任务书

表 5-10　任务书

任务名称	任务描述与要求
任务一 无人直升机操纵性特点	一、任务描述 无人直升机的飞行操纵比较复杂，但其飞行运动也很灵活 二、任务要求 结合教材内容，分析总结无人直升机操纵性的特点，并形成探究报告
任务二 无人直升机操纵性原理	通过教材内容学习，分析总结无人直升机操纵性原理，并形成探究报告

表5-9 任务报告单

序号	任务名称	任务报告单
1	任务一 无人直升机稳定性的重要性及内容	
2	任务二 影响无人直升机稳定性的因素	

七、评价反馈

评价项目	自评		小组互评		教师评价	
任务序号	1	2	1	2	1	2
任务是否按计划时间完成						
相关理论完成情况						
任务完成情况						
任务创新情况						
语言表达能力及沟通协作情况						

（续）

任务名称	任务描述与要求
任务二 影响无人直升机稳定性的因素	通过教材内容学习，分析总结影响无人直升机稳定性的因素，并形成探究报告

四、任务分组

表 5-8　学生任务分配表

班级：	组号：	组长：
本组成员：		
任务分工：		

五、任务分析

1. 各组派代表阐述任务分析结果。
2. 各组对其他组的任务分析结果提出不同的看法。
3. 教师结合学生完成情况进行点评、分析、总结。

六、任务实施

按照本组分析、讨论、归纳的结果生成任务报告单。

工作任务 3　探究无人直升机的稳定性

一、任务描述

飞行中,直升机受到微小扰动偏离原来的平衡状态,在扰动消失后,如果能够自动恢复原来平衡状态的特性叫做稳定性。如果取得了力的平衡,则无人直升机可以保持稳定的飞行状态。如果取得了力矩的平衡,则无人直升机可以保持飞行姿态不变。本工作任务主要学习无人直升机的稳定性,包括俯仰稳定性、方向稳定性和横向稳定性。

本工作任务将通过分组探究两个任务,加深理解无人直升机的稳定性。

二、任务要求

1. 掌握无人直升机稳定性的概念。
2. 掌握稳定力矩和阻尼力矩。
3. 理解无人直升机稳定性的重要性。

三、任务书

表 5-7　任务书

任务名称	任务描述与要求
任务一 无人直升机稳定性的重要性及内容	一、任务描述 飞行中,无人直升机会受到各种各样的扰动而偏离平衡状态,当扰动消失后能否恢复到原来状态,就是有关无人直升机稳定不稳定的问题。飞行中,无人直升机受到扰动后偏离了平衡状态,在扰动消失后,本身不必干预能恢复原来平衡状态,这说明无人直升机具有稳定性,或者说是稳定的,反之是不稳定的。无人直升机的稳定性随着飞行状态的不同而不同,如前飞状态与悬停状态的稳定性就不相同 二、任务要求 通过教材内容学习,分析总结无人直升机稳定性的重要性及内容,并形成探究报告

表 5-6　任务报告单

序号	任务名称	任务报告单
1	任务一 尾桨对无人直升机平衡的重要性	
2	任务二 影响无人直升机平衡的因素	

七、评价反馈

评价项目	自评		小组互评		教师评价	
任务序号	1	2	1	2	1	2
任务是否按计划时间完成						
相关理论完成情况						
任务完成情况						
任务创新情况						
语言表达能力及沟通协作情况						

（续）

任务名称	任务描述与要求
任务二 影响无人直升机平衡的因素	一、任务描述 因无人直升机的系统复杂，操控难度较大，故在飞行过程中，无人直升机能保持良好的平衡至关重要 二、任务要求 根据教材内容，分析总结影响无人直升机飞行平衡的因素，并形成探究报告

四、任务分组

表 5-5 学生任务分配表

班级：	组号：	组长：
本组成员：		
任务分工：		

五、任务分析

1. 各组派代表阐述任务分析结果。
2. 各组对其他组的任务分析结果提出不同的看法。
3. 教师结合学生完成情况进行点评、分析、总结。

六、任务实施

按照本组分析、讨论、归纳的结果生成任务报告单。

工作任务 2　探究无人直升机的平衡

一、任务描述

直升机的平衡,包括作用力的平衡和力矩的平衡。如果取得了力的平衡,则直升机可以保持稳定的飞行状态。如果取得了力矩的平衡,则直升机可以保持飞行姿态不变。本工作任务主要学习无人机直升机的平衡,包括俯仰平衡、方向平衡和横向平衡。

本工作任务将通过分组探究两个任务,加深理解无人直升机的平衡。

二、任务要求

1. 掌握无人直升机的平衡条件。
2. 掌握影响无人直升机平衡的力矩。
3. 理解无人直升机平衡的重要性。

三、任务书

表 5-4　任务书

任务名称	任务描述与要求
任务一 尾桨对无人直升机平衡的重要性	一、任务描述 还记得小时候看过的动画片《哆啦A梦》吗?观看下面二维码视频,思考:机器猫头顶一副旋翼(或者叫它竹蜻蜓)自由飞行,科学吗 哆啦A梦主题曲 二、任务要求 通过观看上面的视频,思考为什么我们平常看到的直升机,除了头顶一副旋翼,还要在长长的"尾巴"上安装一副尾桨呢?分析总结并形成探究报告

五、任务分析

1. 各组派代表阐述任务分析结果。
2. 各组对其他组的任务分析结果提出不同的看法。
3. 教师结合学生完成情况进行点评、分析、总结。

六、任务实施

按照本组分析、讨论、归纳的结果生成任务报告单。

表 5-3 任务报告单

序号	任务名称	任务报告单
1	任务一 无人直升机飞行中重要的部件及作用	
2	任务二 无人直升机的坐标系及姿态描述	

七、评价反馈

评价项目	自评		小组互评		教师评价	
任务序号	1	2	1	2	1	2
任务是否按计划时间完成						
相关理论完成情况						
任务完成情况						
任务创新情况						
语言表达能力及沟通协作情况						

（续）

任务名称	任务描述与要求
任务一 无人直升机飞行中重要的部件及作用	独厚的优势，因其具有不需要跑道、机场适应性较强的特点，在空中飞行时机动灵活，生存力较强 二、任务要求 观看下面二维码视频内容，总结分析无人直升机飞行中重要的部件及作用，并形成探究报告 无人直升机的 飞行
任务二 无人直升机的坐标系及姿态描述	一、任务描述 为了能够科学的反映物体的运动特性，会在特定的坐标系中进行描述，一般情况下，分析飞行器运动特性经常要用到以下几种坐标系：大地坐标系、地心固定坐标系、本地北东地坐标系、机载北东地坐标系、机体轴坐标系 二、任务要求 根据教材内容，分析总结在学习无人直升机飞行原理中所采用的坐标系类型、坐标转换及姿态描述，并形成探究报告

四、任务分组

表 5-2　学生任务分配表

| 班级： | 组号： | 组长： |
|---|---|---|//

本组成员：

任务分工：

项目 5　无人直升机飞行品质与飞行性能

工作任务 1　探究无人直升机的受力

一、任务描述

本工作任务主要学习无人直升机的机体坐标系、受力、力矩以及操纵系统等。这是学习无人直升机平衡性、稳定性、操纵性的基础。

本工作任务将通过分组探究两个任务,加深理解无人直升机的受力分析。

二、任务要求

1. 掌握无人直升机的机体坐标系。
2. 掌握无人直升机所受力矩及力。
3. 理解无人直升机的所有运动及转动都是绕重心的。

三、任务书

表 5-1　任务书

任务名称	任务描述与要求
任务一 无人直升机飞行中重要的部件及作用	一、任务描述 无人直升机是指在地面进行无线电遥控飞行或和自主控制飞行的可垂直起降的不载人飞行器,构形上属于旋翼飞行器,功能上属于垂直起降飞行器。无人直升机同时兼具直升机和无人机的特点,独特的飞行能力相较于其他类型的飞行器具有得天

六、任务实施

按照本组分析、讨论、归纳的结果生成任务报告单。

表 4-9 任务报告单

序号	任务名称	任务报告单
1	任务一 螺旋桨产生拉力和阻力的原理	
2	任务二 多旋翼无人机的飞行原理	

七、评价反馈

评价项目		自评		小组互评		教师评价	
任务序号		1	2	1	2	1	2
任务是否按计划时间完成							
相关理论完成情况							
任务完成情况							
任务创新情况							
语言表达能力及沟通协作情况							

（续）

任务名称	任务描述与要求
任务二 多旋翼无人机的飞行原理	二、任务要求 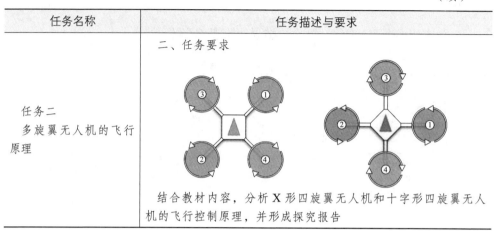 结合教材内容，分析X形四旋翼无人机和十字形四旋翼无人机的飞行控制原理，并形成探究报告

四、任务分组

表4-8　学生任务分配表

班级：	组号：	组长：
本组成员：		
任务分工：		

五、任务分析

1. 各组派代表阐述任务分析结果。
2. 各组对其他组的任务分析结果提出不同的看法。
3. 教师结合学生完成情况进行点评、分析、总结。

工作任务3　探究多旋翼无人机飞行原理

一、任务描述

本工作任务主要学习多旋翼无人机飞行原理，包括多旋翼无人机的布局、螺旋桨的参数、螺旋桨产生拉力和阻力的原理、多旋翼无人机的飞行原理等。

本工作任务将通过分组探究两个任务，加深理解多旋翼无人机的飞行原理。

二、任务要求

1. 掌握螺旋桨产生拉力和阻力的原理。
2. 掌握多旋翼无人机螺旋桨的结构特点及参数。
3. 理解多旋翼无人机的飞行控制原理。

三、任务书

表 4-7　任务书

任务名称	任务描述与要求
任务一 螺旋桨产生拉力和阻力的原理	螺旋桨是多旋翼无人机产生升力的主要部件，也是多旋翼无人机的操纵部件 结合本部分教材内容，分析总结螺旋桨产生升力和阻力的原理，并形成探究报告
任务二 多旋翼无人机的飞行原理	一、任务描述 多旋翼无人机，是一种具有3个及以上旋翼轴的特殊的无人驾驶直升机。它通过每个轴上的电动机转动，带动旋翼，从而产生升力。旋翼的总距固定，不像一般直升机那样可变。通过改变不同旋翼之间的相对转速，可以改变单轴推进力的大小，从而控制飞行器的运行轨迹

六、任务实施

按照本组分析、讨论、归纳的结果生成任务报告单。

表 4-6　任务报告单

序号	任务名称	任务报告单
1	任务一 旋翼的运动	
2	任务二 直升机的尾桨结构及工作原理	

七、评价反馈

评价项目	自评		小组互评		教师评价	
任务序号	1	2	1	2	1	2
任务是否按计划时间完成						
相关理论完成情况						
任务完成情况						
任务创新情况						
语言表达能力及沟通协作情况						

（续）

任务名称	任务描述与要求
任务二 直升机的尾桨结构及工作原理	一、任务描述 直升机为克服主旋翼旋转时产生的反扭矩，采用不同的布局，如"单旋翼＋尾桨"、共轴双旋翼、纵列双旋翼、横列双旋翼等。其中，"单旋翼＋尾桨"是最普遍的一种布局方式 二、任务要求 观看下面二维码视频内容，分析总结尾桨的结构及工作原理，并形成探究报告 尾桨的作用

四、任务分组

表 4-5　学生任务分配表

班级：	组号：	组长：
本组成员：		
任务分工：		

五、任务分析

1. 各组派代表阐述任务分析结果。

2. 各组对其他组的任务分析结果提出不同的看法。

3. 教师结合学生完成情况进行点评、分析、总结。

工作任务 2　探究无人直升机飞行原理

一、任务描述

本工作任务主要学习无人直升机飞行原理，包括旋翼产生升力的原理、旋翼的运动方式、无人直升机尾桨的运动原理等，为无人直升机操纵原理的学习奠定基础。

本工作任务将通过分组探究两个任务，加深理解无人直升机的飞行原理。

二、任务要求

1. 掌握无人直升机旋翼产生升力的原理。
2. 掌握无人直升机尾桨工作原理。
3. 能够理解旋翼的摆阵、挥舞、变桨距。

三、任务书

表 4-4　任务书

任务名称	任务描述与要求
任务一 旋翼的运动	一、任务描述 旋翼是直升机产生升力的主要部件，也是直升机的操纵部件。在了解直升机旋翼系统的基础上，请观看下面二维码视频内容 直升机原理 二、任务要求 通过观看上面二维码视频内容，分析总结直升机旋翼结构、运动特点、飞行原理等，并形成探究报告

表 4-3　任务报告单

序号	任务名称	任务报告单
1	任务一 螺旋桨的结构及特点	
2	任务二 多旋翼无人机的机架	

七、评价反馈

评价项目		自评		小组互评		教师评价	
任务序号		1	2	1	2	1	2
任务是否按计划时间完成							
相关理论完成情况							
任务完成情况							
任务创新情况							
语言表达能力及沟通协作情况							

（续）

任务名称	任务描述与要求
任务二 多旋翼无人机的机架	以上四点就是在进行多旋翼无人机设计时要遵守的几项原则，遵守以上四项原则可以使设计更加标准及完美 二、任务要求 阅读以上材料，分析总结多旋翼无人机设计时机架应该考虑的问题，并形成探究报告

四、任务分组

表 4-2　学生任务分配表

班级：	组号：	组长：

本组成员：

任务分工：

五、任务分析

1. 各组派代表阐述任务分析结果。
2. 各组对其他组的任务分析结果提出不同的看法。
3. 教师结合学生完成情况进行点评、分析、总结。

六、任务实施

按照本组分析、讨论、归纳的结果生成任务报告单。

（续）

任务名称	任务描述与要求
任务一 螺旋桨的结构及特点	二、任务要求 对一款多旋翼无人机，观察其所匹配的螺旋桨，说明该螺旋桨的型号、桨叶数量、旋转方向等，并形成探究报告
任务二 多旋翼无人机的机架	一、任务描述 多旋翼无人机的机架是各个部件的载体，其材料选择及结构设计等至关重要 1.无人机的设计要在保证机体刚度、强度的情况下，还要有足够的负载能力，这样才能飞得更高、更远。在进行机架设计时，机架材质的选择也至关重要。最常见的就是塑料，优点是便宜，缺点是刚度不够，容易变形，如大疆航拍机精灵就是塑料结构。其次，碳纤维是目前行业级多旋翼多采用的一种材料，重量轻、刚度大，价格贵。第三种是复合材料，但用的较少，不做为主要使用材料 2.无人机的重量与载重、续航时间息息相关，其中对重量影响最大的两个因素就是机架和电池，而机架重量主要取决于尺寸和材料，所以在满足其他设计原则的情况下，我们选择更轻的材料，可以减小无人机的重量，增大续航时间和载重 3.在满足其他设计需求的情况下，选择合适的长宽高比可以让无人机变得更加稳定，并且使结构紧凑，更加轻便。合适的轴间距与结构布局也会让多旋翼无人机的设计变得更为简单，如尽量将无人机设计成中心对称，将无人机重心设计在几何中心处，这样不仅会使动态模型的建立更加简单，也会让飞控系统处理起来更轻松 4.当多旋翼无人机机体已经能够满足基本需求后，为了使无人机寿命更长、用户更加喜欢，常常会在机体的结构上进行美化设计，贴保护膜等，使无人机更美观或者延长使用寿命。这部分设计往往都是在不改变机体原有结构的情况下进行的，它一般不会对机体参数产生较大的影响

项目 4　旋翼无人机飞行原理

工作任务 1　探究旋翼无人机气动结构组成

一、任务描述

本工作任务主要学习无人直升机和多旋翼无人机的气动结构组成,其中主旋翼和螺旋桨是产生升力的主要部件。了解主旋翼和螺旋桨的结构是学习产生升力原理的基础。

本工作任务将通过分组探究两个任务,加深理解无人直升机的主旋翼和多旋翼无人机的螺旋桨的结构。

二、任务要求

1. 掌握无人直升机和多旋翼无人机的气动结构组成。
2. 掌握主旋翼、螺旋桨的结构。
3. 理解主旋翼和螺旋桨的区别。

三、任务书

表 4-1　任务书

任务名称	任务描述与要求
任务一 螺旋桨的结构及特点	一、任务描述 螺旋桨是多旋翼无人机产生升力的主要部件,如下图所示,其结构、数量、参数等都影响升力的大小和变化

（续）

序号	任务名称	任务报告单
2	任务二 固定翼无人机的着陆性能	

七、评价反馈

评价项目	自评		小组互评		教师评价	
任务序号	1	2	1	2	1	2
任务是否按计划时间完成						
相关理论完成情况						
任务完成情况						
任务创新情况						
语言表达能力及沟通协作情况						

四、任务分组

表 3-14　学生任务分配表

班级：	组号：	组长：
本组成员：		
任务分工：		

五、任务分析

1. 各组派代表阐述任务分析结果。
2. 各组对其他组的任务分析结果提出不同的看法。
3. 教师结合学生完成情况进行点评、分析、总结。

六、任务实施

按照本组分析、讨论、归纳的结果生成任务报告单。

表 3-15　任务报告单

序号	任务名称	任务报告单
1	任务一 固定翼无人机的起飞性能	

工作任务 5 探究固定翼无人机的起飞着陆性能

一、任务描述

固定翼无人机任何一次飞行都离不开起飞和着陆,所以无人机起飞、着陆的性能会影响作业、训练任务的完成及飞行安全。操控人员了解固定翼无人机的起飞、着陆性能,对确保无人机的性能发挥和安全飞行是很有必要的。

本工作任务将通过分组探究两个任务,加深理解固定翼无人机的起飞着陆性能。

二、任务要求

1. 掌握固定翼无人机的起飞、着陆性能。
2. 理解固定翼无人机起飞、着陆参数。
3. 深入理解影响固定翼无人机的起飞、着陆性能的因素。

三、任务书

表 3-13 任务书

任务名称	任务描述与要求
任务一 固定翼无人机的起飞性能	固定翼无人机从开始滑跑、离开地面并上升到一定高度(通常为 25m)的运动过程称为起飞过程。学习教材相关内容,分析总结固定翼无人机起飞性能,并形成探究报告
任务二 固定翼无人机的着陆性能	固定翼无人机任何一次飞行都离不开起飞和着陆,所以无人机起飞、着陆的性能会影响作业、训练任务的完成及飞行安全。操控人员了解固定翼无人机的起飞、着陆性能,对确保无人机的性能发挥和安全飞行是很有必要的。学习教材相关内容,分析总结固定翼无人机着陆性能,并形成探究报告

表 3-12　任务报告单

序号	任务名称	任务报告单
1	任务一 平飞最大速度	
2	任务二 固定翼无人机的升限	

七、评价反馈

评价项目	自评		小组互评		教师评价	
任务序号	1	2	1	2	1	2
任务是否按计划时间完成						
相关理论完成情况						
任务完成情况						
任务创新情况						
语言表达能力及沟通协作情况						

四、任务分组

表 3-11　学生任务分配表

班级：	组号：	组长：
本组成员：		
任务分工：		

五、任务分析

1. 各组派代表阐述任务分析结果。
2. 各组对其他组的任务分析结果提出不同的看法。
3. 教师结合学生完成情况进行点评、分析、总结。

六、任务实施

按照本组分析、讨论、归纳的结果生成任务报告单。

工作任务 4　探究固定翼无人机的基本飞行性能

一、任务描述

在对固定翼无人机进行介绍时，我们常常会听到或看到诸如"活动半径""爬升率""巡航速度"这样的名词，这些都是用来衡量无人机飞行性能的术语。简单地说，飞行性能主要是看固定翼无人机能飞多快、能飞多高、能飞多远，以及飞机做一些机动飞行（如筋斗、盘旋、战斗转弯等）和起飞着陆的能力。本工作任务主要学习固定翼无人机的基本飞行性能，包括平飞性能、上升性能和下降性能。

本工作任务将通过分组探究两个任务，加深理解固定翼无人机的基本飞行性能。

二、任务要求

1. 掌握无人机平飞性能、上升性能、下降性能。
2. 理解基本飞行性能中的参数。
3. 深入理解无人机具有优良飞行性能的重要性。

三、任务书

表 3-10　任务书

任务名称	任务描述与要求
任务一 平飞最大速度	平飞是指无人机做等高、等速的直线飞行，它是无人机的一种最基本的飞行状态，平飞性能的基本指标包括平飞最大速度、平飞最小速度等。学习教材相关内容，分析总结对平飞最大速度的理解，并形成探究报告
任务二 固定翼无人机的升限	固定翼无人机做等速向上的直线运动称为上升。上升是固定翼无人机到达一定高度的基本方法。其中爬升性能的基本指标包括最大上升率和升限等。学习教材相关内容，分析总结对固定翼无人机升限的理解，并形成探究报告

工作任务 3 探究固定翼无人机的操纵性

一、任务描述

无人机操纵性,是指无人机对遥控器操纵或者飞控作出相应响应的特性。通过操纵升降舵、方向舵、副翼,使无人机从一种飞行状态转变为另一种飞行状态,以完成起飞、爬升、巡航、下降、进近着陆等。操纵性是无人机的重要飞行品质之一,也是飞行力学研究的重要内容。本工作任务主要学习固定翼无人机的操纵性,包括俯仰操纵性、横向操纵性和方向操纵性。

本工作任务将通过分组探究两个任务,加深理解固定翼无人机的操纵性。

二、任务要求

1. 掌握无人机操纵性的概念。
2. 理解俯仰操纵、横向操纵、方向操纵的原理及影响因素。
3. 能够深入理解无人机操纵性的重要性。

三、任务书

表 3-7 任务书

任务名称	任务描述与要求
任务一 无人机转弯原理	车是依靠方向盘进行转弯的,那飞机是如何转弯的?观看下面二维码视频内容,分析总结飞机转弯的步骤及原理,并形成探究报告 飞机是如何转弯的
任务二 影响无人机操纵性的因素	通过对无人机操纵性原理的学习及分析,总结影响固定翼无人机操纵性的因素,并形成探究报告

五、任务分析

1. 各组派代表阐述任务分析结果。
2. 各组对其他组的任务分析结果提出不同的看法。
3. 教师结合学生完成情况进行点评、分析、总结。

六、任务实施

按照本组分析、讨论、归纳的结果生成任务报告单。

表 3-6 任务报告单

序号	任务名称	任务报告单
1	任务一 无人机静稳定性的重要性	
2	任务二 固定翼无人机方向稳定性和横侧稳定性的关系	

七、评价反馈

评价项目	自评		小组互评		教师评价	
任务序号	1	2	1	2	1	2
任务是否按计划时间完成						
相关理论完成情况						
任务完成情况						
任务创新情况						
语言表达能力及沟通协作情况						

（续）

任务名称	任务描述与要求
任务一 无人机静稳定性的重要性	二、任务要求 分析总结飞机净稳定性的意义及影响因素等，并形成探究报告
任务二 固定翼无人机方向稳定性和横侧稳定性的关系	通过对无人机侧滑时产生方向稳定力矩和横侧稳定力矩的分析，总结固定翼无人机方向稳定性和横侧稳定性的关系，并形成探究报告

四、任务分组

表3-5 学生任务分配表

班级：	组号：	组长：
本组成员：		
任务分工：		

工作任务 2　探究固定翼无人机的稳定性

一、任务描述

无人机稳定性，又称"安定性"，是指无人机抵抗外界扰动、保持原有飞行状态能力的特性。无人机保持一定状态飞行（如巡航、爬升、下降）时，可能遇到如突风、不稳定的气流或偶然不当的操纵而引起扰动，使无人机偏离原来的飞行状态。有适当的稳定性，在扰动消失后，无人机就可以不依靠飞行员的干预，逐渐地自动恢复其原飞行状态。任务 2 主要学习固定翼无人机的稳定性，包括俯仰稳定性、横向稳定性和方向稳定性。

本工作任务将通过分组探究两个任务，加深理解固定翼无人机的稳定性。

二、任务要求

1. 掌握无人机稳定性的概念。
2. 理解俯仰稳定、横向稳定、方向稳定的原理及影响因素。
3. 能够深入理解无人机稳定性的重要性。

三、任务书

表 3-4　任务书

任务名称	任务描述与要求
任务一 无人机静稳定性的重要性	一、任务描述 在乘坐飞机时，当你遇到特殊情况需要调换位置时，乘务员会提醒你不能擅自随意调换位置，会影响飞机的飞行。有些飞机甚至会作为安全准则提醒大家，在飞机上擅自更换座位很危险。尤其是在飞机没满员时，大家随便找个地方坐是比较危险的。在飞机上为什么不能随意调换位置呢？其实，擅自换座位对飞行参数影响最大和最直接的就是重心，继而影响操纵性、稳定性等。那么重心位置对于无人机的稳定性也是同样重要的

五、任务分析

1. 各组派代表阐述任务分析结果。
2. 各组对其他组的任务分析结果提出不同的看法。
3. 教师结合学生完成情况进行点评、分析、总结。

六、任务实施

按照本组分析、讨论、归纳的结果生成任务报告单。

表3-3 任务报告单

序号	任务名称	任务报告单
1	任务一 无人机的重心及压力中心的位置	
2	任务二 固定翼无人机俯仰平衡、横向平衡、方向平衡的条件及影响因素	

七、评价反馈

评价项目		自评		小组互评		教师评价	
任务序号		1	2	1	2	1	2
任务是否按计划时间完成							
相关理论完成情况							
任务完成情况							
任务创新情况							
语言表达能力及沟通协作情况							

（续）

任务名称	任务描述与要求
任务一 无人机的重心及压力中心的位置	二、任务要求 观看下面二维码视频内容，分析总结重心及压力中心位置的重要性及影响，并形成探究报告 飞机重心及压力中心
任务二 固定翼无人机俯仰平衡、横向平衡、方向平衡的条件及影响因素	一、任务描述 固定翼无人机的平衡是指作用于固定翼无人机各力之和为零，各力对重心所产生的力矩之和也为零，即固定翼无人机的平衡包括作用力平衡和力矩平衡两个方面 二、任务要求 结合教材内容，阐述固定翼无人机俯仰平衡、横向平衡、方向平衡的条件及影响因素

四、任务分组

表3-2 学生任务分配表

班级：	组号：	组长：
本组成员：		

任务分工：

项目 3　固定翼无人机飞行品质与飞行性能

工作任务 1　探究固定翼无人机的平衡

一、任务描述

本工作任务主要学习固定翼无人机的平衡，包括俯仰平衡、横向平衡和方向平衡。平衡的状态就是飞行速度的大小和方向都保持不变，无人机也不绕自己的重心转动。固定翼无人机能否自动保持平衡状态，是稳定性的问题。

本工作任务将通过分组探究两个任务，加深理解固定翼无人机的平衡性。

二、任务要求

1. 掌握无人机各平衡的条件。
2. 理解俯仰力矩、横向力矩、方向力矩等。
3. 能够深入理解无人机平衡的重要性。

三、任务书

表 3-1　任务书

任务名称	任务描述与要求
任务一 无人机的重心及压力中心的位置	一、任务描述 　　在乘坐飞机时，当你遇到特殊情况需要调换位置时，乘务员会提醒你不能擅自随意调换位置，会影响飞机的飞行。有些飞机甚至会作为安全准则提醒大家，在飞机上擅自更换座位很危险。尤其是在飞机没满员时，大家随便找个地方坐是比较危险的。在飞机上为什么不能随意调换位置呢？其实，擅自换座位对飞行参数影响最大和最直接的就是重心，继而影响操纵性、稳定性等。那么重心位置对于无人机的平衡也是同样重要的

五、任务分析

1. 各组派代表阐述任务分析结果。
2. 各组对其他组的任务分析结果提出不同的看法。
3. 教师结合学生完成情况进行点评、分析、总结。

六、任务实施

按照本组分析、讨论、归纳的结果生成任务报告单。

表2-15　任务报告单

序号	任务名称	任务报告单
1	任务一 升力系数曲线	
2	任务二 阻力系数曲线	

七、评价反馈

评价项目	自评		小组互评		教师评价	
任务序号	1	2	1	2	1	2
任务是否按计划时间完成						
相关理论完成情况						
任务完成情况						
任务创新情况						
语言表达能力及沟通协作情况						

（续）

任务名称	任务描述与要求
任务一 升力系数曲线	二、任务要求 根据升力系数曲线，分析总结升力系数变化的规律及原因，并形成探究报告
任务二 阻力系数曲线	一、任务描述 阻力系数曲线也是一条非常经典的曲线，表示阻力系数随迎角的变化关系，如下图所示 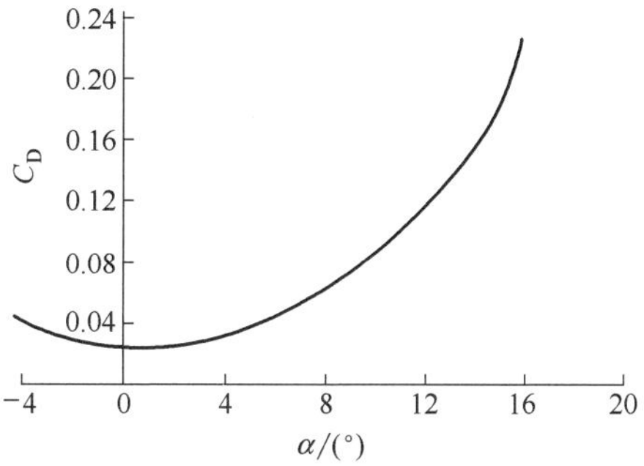 二、任务要求 根据阻力系数曲线，分析总结阻力系数变化的规律及原因，并形成探究报告

四、任务分组

表 2-14　学生任务分配表

班级：	组号：	组长：

本组成员：

任务分工：

工作任务 5　探究固定翼无人机低速特性

一、任务描述

固定翼无人机的空气动力特性，简称气动特性，是决定固定翼无人机飞行性能的一个重要因素，包括升力特性、阻力特性、升阻比特性、俯仰力矩特性等。空气动力性能主要参数有最大升力系数、升力线斜率、零升力攻角、最小阻力系数、俯仰力矩系数等。任务 5 主要学习空气动力特性及空气动力性能参数。

本工作任务将通过分组探究两个任务，加深理解升力系数曲线和阻力系数曲线。

二、任务要求

1. 掌握升力系数曲线及其变化规律。
2. 掌握阻力系数曲线及其变化规律。

三、任务书

表 2-13　任务书

任务名称	任务描述与要求
任务一 升力系数曲线	一、任务描述 升力系数曲线是一条非常经典的曲线，表示升力系数随迎角的变化关系，如下图所示 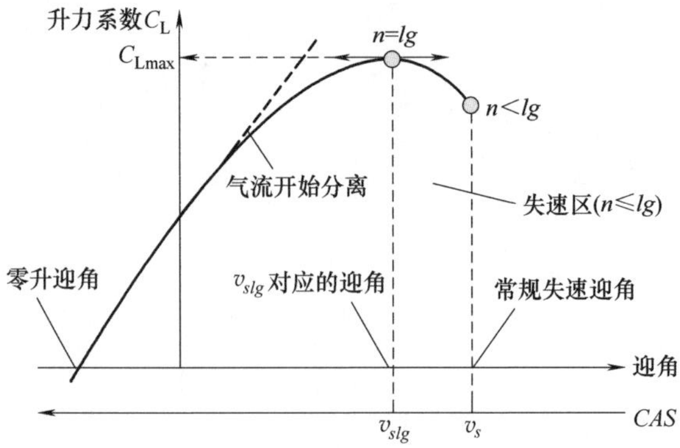 升力系数 C_L，C_{Lmax}，$n=lg$，$n<lg$，气流开始分离，失速区 ($n \leqslant lg$)，零升迎角，v_{slg} 对应的迎角，常规失速迎角，迎角，v_{slg}，v_s，CAS

五、任务分析

1. 各组派代表阐述任务分析结果。
2. 各组对其他组的任务分析结果提出不同的看法。
3. 教师结合学生完成情况进行点评、分析、总结。

六、任务实施

按照本组分析、讨论、归纳的结果生成任务报告单。

表 2-12　任务报告单

序号	任务名称	任务报告单
1	任务一 无人机飞行中的阻力	
2	任务二 减小阻力的方法	

七、评价反馈

评价项目	自评		小组互评		教师评价	
任务序号	1	2	1	2	1	2
任务是否按计划时间完成						
相关理论完成情况						
任务完成情况						
任务创新情况						
语言表达能力及沟通协作情况						

（续）

任务名称	任务描述与要求
任务一 无人机飞行中的阻力	二、任务要求 观看下面二维码视频内容，总结无人机飞行中阻力的类型及产生原理，并形成探究报告 飞行阻力
任务二 减小阻力的方法	一、任务描述 如何减小阻力，是无人机设计中需要考虑的关键问题之一，减小阻力的方法如层流减阻技术、翼梢小翼的诱导阻力减小技术等 二、任务要求 观看下面二维码视频，分析减小各类阻力的方法 飞机是如何减小阻力的

四、任务分组

表 2-11　学生任务分配表

班级:	组号:	组长:

本组成员：

任务分工：

工作任务 4　探究机翼产生阻力的原理

一、任务描述

飞行阻力会影响飞机的速度、航程、耗油量等性能指标,研究飞机的阻力对于提高飞机的安全性、效率和环保性有重要意义。任务 4 主要学习固定翼无人机的阻力分类、产生原理、影响因素、阻力公式及减小阻力的方法等。

本工作任务将通过分组探究两个任务,加深理解固定翼无人机阻力产生的原理及影响因素。

二、任务要求

1. 掌握阻力的分类及产生原理。
2. 掌握影响阻力的因素。
3. 掌握减小阻力的方法。

三、任务书

表 2-10　任务书

任务名称	任务描述与要求
任务一 无人机飞行中的阻力	一、任务描述 无人机在飞行的过程中,机体上所受的力是平衡的,即重力与无人机产生的升力平衡,而无人机发动机的作用则是克服无人机所受阻力、推动无人机前进,使得无人机相对于空气运动,从而产生升力。从产生阻力的不同原因来说,飞机所受的阻力可以分为摩擦阻力、压差阻力、诱导阻力、干扰阻力、激波阻力等

五、任务分析

1. 各组派代表阐述任务分析结果。
2. 各组对其他组的任务分析结果提出不同的看法。
3. 教师结合学生完成情况进行点评、分析、总结。

六、任务实施

按照本组分析、讨论、归纳的结果生成任务报告单。

表2-9 任务报告单

序号	任务名称	任务报告单
1	任务一 机翼产生升力的原理	
2	任务二 与升力相关的机体部件	

七、评价反馈

评价项目		自评		小组互评		教师评价	
	任务序号	1	2	1	2	1	2
任务是否按计划时间完成							
相关理论完成情况							
任务完成情况							
任务创新情况							
语言表达能力及沟通协作情况							

(续)

任务名称	任务描述与要求
任务二 与升力相关的机体部件	一、任务描述 升力是无人机能够在空中保持飞行的关键因素之一。无人机在飞行过程中，需要通过升力克服重力，以达到保持在空中不坠落的目的。因此，升力的大小直接影响无人机的性能，特别是在低速飞行时 二、任务要求 观看下面二维码视频，分析哪些结构部件影响升力，并形成探究报告 飞机是怎么飞起来的

四、任务分组

表2-8 学生任务分配表

班级：	组号：	组长：

本组成员：

任务分工：

工作任务 3　探究机翼产生升力的原理

一、任务描述

固定翼无人机是重于空气的飞行器,当飞行在空中时,就会产生作用于固定翼无人机的空气动力。无人机正是靠空气动力升空飞行的。任务 3 主要学习升力这一空气动力产生的原理、升力公式及影响因素等。

本工作任务将通过分组探究两个任务,加深理解固定翼无人机升力产生的原理及影响因素。

二、任务要求

1. 能利用伯努利定理分析机翼产生升力的原理。
2. 理解影响升力大小的因素。

三、任务书

表 2-7　任务书

任务名称	任务描述与要求
任务一 机翼产生升力的原理	一、任务描述 机翼是无人机能飞的关键,可提供升力。机翼的升力主要与两个方面密切相关,一个是翼型,一个是迎角。根据伯努利定理解释机翼产生的原理并理解影响升力大小的因素是本任务的关键 二、任务要求 观看下面二维码视频内容,总结机翼产生升力的原理,并形成探究报告 机翼产生升力的原理

六、任务实施

按照本组分析、讨论、归纳的结果生成任务报告单。

表 2-6 任务报告单

序号	任务名称	任务报告单
1	任务一 固定翼无人机机翼翼型及参数	
2	任务二 固定翼无人机机翼平面形状及参数	

七、评价反馈

评价项目	自评		小组互评		教师评价	
任务序号	1	2	1	2	1	2
任务是否按计划时间完成						
相关理论完成情况						
任务完成情况						
任务创新情况						
语言表达能力及沟通协作情况						

（续）

任务名称	任务描述与要求
任务二 固定翼无人机机翼平面形状及参数	一、任务描述 机翼的平面形状及参数会影响产生的空气动力。因此，不仅要掌握机翼形状的种类，也要掌握主要参数的意义 二、任务要求 1. 自行选择一款固定翼无人机 2. 根据自选的固定翼无人机，拆解出机翼部件，观察其平面形状 通过观察、分析、测量，整理出形状的相关内容并形成探究报告，包括画出机翼平面形状，并标出相关参数等

四、任务分组

表 2-5　学生任务分配表

班级：	组号：	组长：

本组成员：

任务分工：

五、任务分析

1. 各组派代表阐述任务分析结果。

2. 各组对其他组的任务分析结果提出不同的看法。

3. 教师结合学生完成情况进行点评、分析、总结。

工作任务 2 探究固定翼无人机机翼的形状

一、任务描述

固定翼无人机的空气动力主要是由机翼产生的，机翼的空气动力取决于气流绕机翼的流动状态，而流动状态又取决于机翼的形状。本工作任务主要学习固定翼无人机机翼的形状，包括翼型和平面形状。

本工作任务将通过分组探究两个任务，加深理解固定翼无人机机翼形状。

二、任务要求

1. 掌握固定翼无人机机翼翼型的形状及特点。
2. 掌握固定翼无人机机翼平面形状。
3. 能够理解低速固定翼无人机机翼的形状特点。

三、任务书

表 2-4 任务书

任务名称	任务描述与要求
任务一 固定翼无人机机翼翼型及参数	一、任务描述 机翼的翼型不同，产生的空气动力不同；翼型参数不同，产生的空气动力也不同。因此，不仅要掌握机翼翼型的种类，也要掌握主要参数的意义 二、任务要求 1. 自行选择一款固定翼无人机 2. 根据自选的固定翼无人机，拆解出机翼部件，观察其翼型 3. 通过观察、分析、测量，整理出翼型的相关内容，形成探究报告，报告包括翼型及相关参数等

五、任务分析

1. 各组派代表阐述任务分析结果。
2. 各组对其他组的任务分析结果提出不同的看法。
3. 教师结合学生完成情况进行点评、分析、总结。

六、任务实施

按照本组分析、讨论、归纳的结果生成任务报告单。

表 2-3 任务报告单

序号	任务名称	任务报告单
1	任务一 中国军用无人机气动布局	
2	任务二 固定翼无人机气动布局分析	

七、评价反馈

评价项目	自评		小组互评		教师评价	
任务序号	1	2	1	2	1	2
任务是否按计划时间完成						
相关理论完成情况						
任务完成情况						
任务创新情况						
语言表达能力及沟通协作情况						

（续）

任务名称	任务描述与要求
任务一 中国军用无人机气动布局	二、任务要求 1. 自行查阅中国军用无人机相关资料，了解国内知名军用无人机型号 2. 根据查阅的资料，提交中国军用无人机相关报告，题目自拟，内容科学、图文并茂 3. 根据整理的报告内容分析中国军用无人机气动布局及特点
任务二 固定翼无人机气动布局分析	一、任务描述 由于固定翼无人机上消除了人的因素，实际需求也不同，造成了固定翼无人机的气动结构布局相较有人飞机差异很大，如下图所示  二、任务要求 分析以上三个固定翼无人机的气动布局，针对不同气动布局形式阐述其特点

四、任务分组

表 2-2　学生任务分配表

班级：	组号：	组长：
本组成员：		
任务分工：		

项目 2　固定翼无人机飞行原理

工作任务 1　探究固定翼无人机的气动布局

一、任务描述

本工作任务主要学习固定翼无人机的气动布局，气动布局是固定翼无人机气动总体设计的最终体现，主要是指各主要气动部件的外形及其相对位置的设计与安排。

本工作任务将通过分组探究两个任务，来加深理解固定翼无人机气动布局的特点及设计原则。

二、任务要求

1. 掌握固定翼无人机的气动布局形式。
2. 掌握常规布局的无人机飞行特点。
3. 能够理解高速无人机气动布局特点。

三、任务书

表 2-1　任务书

任务名称	任务描述与要求
任务一 中国军用无人机气动布局	一、任务描述 近年来，随着高新技术在武器装备上的广泛应用，中国军用无人机的研制取得了突破性的进展，无人机应用越来越广泛，无人机对地作战成为一个新兴的领域，察打一体无人机也开始大量进入部队服役。中国知名军用无人机系列有彩虹、翼龙、风影、云影等

(续)

序号	任务名称	任务报告单
2	任务二 伯努利定理在日常生活中的应用	1. 通过观看视频资料,分组讨论所思所想 2. 每组至少举出一个实例来说明伯努利定理的应用,并解释现象产生的原理 3. 分析伯努利定理在无人机飞行中的重要性

七、评价反馈

评价项目	自评		小组互评		教师评价	
任务序号	1	2	1	2	1	2
任务是否按计划时间完成						
相关理论完成情况						
任务完成情况						
任务创新情况						
语言表达能力及沟通协作情况						

四、任务分组

表 1-8 学生任务分配表

班级:	组号:	组长:
本组成员:		
任务分工:		

五、任务分析

1. 各组派代表阐述任务分析结果。
2. 各组对其他组的任务分析结果提出不同的看法。
3. 教师结合学生完成情况进行点评、分析、总结。

六、任务实施

按照本组分析、讨论、归纳的结果生成任务报告单。

表 1-9 任务报告单

序号	任务名称	任务报告单
1	任务一 阐述伯努利定理的内容	

工作任务 3　探究伯努利定理在日常生活中的应用

一、任务描述

本工作任务主要学习低速流体流动基本概念和规律,并要求学生能利用连续性定理和伯努利定理解释日常生活中的一些现象。

本工作任务将通过分组完成两个任务,加深理解伯努利定理的应用。

二、任务要求

1. 掌握连续定理和伯努利定理的内容。
2. 能用伯努利定理解释日常生活中的一些现象。
3. 能够分析气流流过机翼的流线谱。

三、任务书

表 1-7　任务书

任务名称	任务描述与要求
任务一 阐述伯努利定理的内容	通过学习教材内容,阐述伯努利定理的内容及意义
任务二 伯努利定理在日常生活中的应用	一、任务描述 观看右侧二维码内容 二、任务要求 1. 通过观看视频资料,分组讨论所思所想 2. 每组至少举出一个实例来说明伯努利定理的应用,并解释现象产生的原理 3. 分析伯努利定理在无人机飞行中的重要性

五、任务分析

1. 各组派代表阐述任务分析结果。
2. 各组对其他组的任务分析结果提出不同的看法。
3. 教师结合学生完成情况进行点评、分析、总结。

六、任务实施

按照本组分析、讨论、归纳的结果生成任务报告单。

表 1-6 任务报告单

序号	任务名称	任务报告单
1	任务一 自制风向袋并试验	
2	任务二 天气对无人机飞行的影响	

七、评价反馈

评价项目		自评		小组互评		教师评价	
任务序号		1	2	1	2	1	2
任务是否按计划时间完成							
相关理论完成情况							
任务完成情况							
任务创新情况							
语言表达能力及沟通协作情况							

（续）

任务名称	任务描述与要求
任务二 天气对无人机飞行的影响	一、任务描述 无人机在飞行过程中其飞行状态经常受到气象条件的影响，如雷雨、大雾等恶劣天气将导致能见度降低等，这些因素会导致无人机飞行性能和控制性能降低，进而可能造成危险事故。如在雷雨天气中可能会发生雷暴、强降水、下击暴流，在这种气象条件下飞行的无人机会遭受颠簸、电击等不安全事件，强降水和大雾天气会导致无人机定位参数不精准，飞行推动性能也会受到一定的影响。因此，分析无人机的安全运行，气象条件也是必不可少的因素之一 二、任务要求 查询资料，通过分析近两年无人机重大事故案例，总结天气对无人机飞行的影响，并总结无人机安全飞行应考虑的因素

四、任务分组

表1-5 学生任务分配表

班级：	组号：	组长：

本组成员：

任务分工：

工作任务 2 探究天气对无人机飞行的影响

一、任务描述

本工作任务主要学习大气的气象要素及对飞行的影响,要求学生能够充分掌握压力、气温、湿度等要素的变化规律、影响因素及对无人机飞行的影响。

本工作任务将通过分组完成两个任务,加深理解天气对无人机飞行的影响。

二、任务要求

1. 掌握气象要素的概念、单位、影响因素。
2. 了解无人机测量气压的原理。
3. 能够分析天气对无人机飞行的影响。

三、任务书

表 1-4 任务书

任务名称	任务描述与要求
任务一 自制风向袋并试验	一、任务描述 风向袋用于指示风向、提供风速参考。它由布质防水风向袋、优质不锈钢轴承风动系统、不锈钢风杆等三个部分组成,如下图所示  二、任务要求 1. 自备材料,如竹竿、细铁丝、塑料绳、针线、布料(轻薄材质)等,自制一个简易的风向袋 2. 将制作好的风向袋拿到空旷地带进行风向和风速的测试试验

序号	任务名称	任务报告单
2	任务二 分析对流层、平流层大气对航空飞行的影响	

七、评价反馈

评价项目	自评		小组互评		教师评价	
任务序号	1	2	1	2	1	2
任务是否按计划时间完成						
相关理论完成情况						
任务完成情况						
任务创新情况						
语言表达能力及沟通协作情况						

四、任务分组

表 1-2 学生任务分配表

班级：	组号：	组长：
本组成员：		
任务分工：		

五、任务分析

1. 各组派代表阐述任务分析结果。
2. 各组对其他组的任务分析结果提出不同的看法。
3. 教师结合学生完成情况进行点评、分析、总结。

六、任务实施

按照本组分析、讨论、归纳的结果生成任务报告单。

表 1-3 任务报告单

序号	任务名称	任务报告单
1	任务一 分析对流层易成云致雨的原因	

（续）

任务名称	任务描述与要求
任务二 分析对流层、平流层大气对航空飞行的影响	一、任务描述 电影《中国机长》中，川航3U8633航班从重庆起飞，在9800m高空风挡玻璃无预警脱落，驾驶舱瞬间失压，气温骤降。生死关头，3U8633航班机长刘传健非常冷静地控制方向杆，全体机组人员临危不乱、果断应对、正确处置，34min后将飞机平安降落，确保了飞机上119名旅客的生命安全。这是一次堪称史诗级的备降！创造了世界民航史上的奇迹  二、任务要求 阅读材料，回顾《中国机长》遇险剧情，说明影片中哪些细节反映了对流层大气的温度、密度及运动特点，并总结分析对流层和平流层大气对航空飞行的影响

项目 1　大气飞行环境

工作任务 1　探究大气层对人类活动的影响

一、任务描述

本工作任务主要学习大气的组成及垂直分层，能够充分认识对流层和平流层的气温变化特点、大气运动特点以及与人类的关系，有助于理解飞行器的飞行及操控原理。

本工作任务将通过分组探究两个任务，加深理解大气层对人类活动的影响。

二、任务要求

1. 掌握大气的垂直分层。
2. 掌握对流层、平流层的特点。
3. 能够分析大气层对人类活动的影响及原因。

三、任务书

表 1-1　任务书

任务名称	任务描述与要求
任务一 分析对流层易成云致雨的原因	根据对流层大气的气温和运动特点，分析其成云致雨的原因

项目 5　无人直升机飞行品质与飞行性能 / 051

工作任务 1　探究无人直升机的受力 / 051

工作任务 2　探究无人直升机的平衡 / 054

工作任务 3　探究无人直升机的稳定性 / 057

工作任务 4　探究无人直升机的操纵性 / 060

项目 6　复合翼无人机 / 063

工作任务 1　探究复合翼无人机概述 / 063

工作任务 2　探究复合翼无人机飞行原理 / 067

工作任务 3　探究复合翼无人机飞行品质与飞行性能 / 070

目　录

项目 1　大气飞行环境 / 001
工作任务 1　探究大气层对人类活动的影响 / 001
工作任务 2　探究天气对无人机飞行的影响 / 005
工作任务 3　探究伯努利定理在日常生活中的应用 / 008

项目 2　固定翼无人机飞行原理 / 011
工作任务 1　探究固定翼无人机的气动布局 / 011
工作任务 2　探究固定翼无人机机翼的形状 / 014
工作任务 3　探究机翼产生升力的原理 / 017
工作任务 4　探究机翼产生阻力的原理 / 020
工作任务 5　探究固定翼无人机低速特性 / 023

项目 3　固定翼无人机飞行品质与飞行性能 / 026
工作任务 1　探究固定翼无人机的平衡 / 026
工作任务 2　探究固定翼无人机的稳定性 / 029
工作任务 3　探究固定翼无人机的操纵性 / 032
工作任务 4　探究固定翼无人机的基本飞行性能 / 035
工作任务 5　探究固定翼无人机的起飞着陆性能 / 038

项目 4　旋翼无人机飞行原理 / 041
工作任务 1　探究旋翼无人机气动结构组成 / 041
工作任务 2　探究无人直升机飞行原理 / 045
工作任务 3　探究多旋翼无人机飞行原理 / 048

职业教育无人机行业应用技术系列教材

无人机飞行原理
（工作页）

机械工业出版社